C语言程序设计

C YUYAN CHENGXU SHEJI

主 编 / 明平象　全丽莉　祝种谷

副主编 / 张吉力　李芙蓉　魏　芬

参 编 / 郑火胜　王　社

U0379624

重庆大学出版社

内容提要

C 语言是目前较好的学习程序设计的入门语言,C 语言程序设计课程是程序设计的重要基础课,是培养学生程序设计能力的重要课程之一。

全书共分为 9 个单元,第 1 单元介绍程序设计的基础知识,C 语言程序结构及特点,数据类型及基本语法知识;第 2 单元介绍输入输出函数调用及顺序结构程序设计;第 3 单元介绍关系运算符和表达式、用 if 语句和 switch 语句实现选择结构程序设计;第 4 单元介绍用 while 语句、do-while 语句和 for 语句实现循环语句;第 5 单元介绍数组的定义和初始化、一维数组、二维数组及字符数组;第 6 单元介绍函数的定义及调用;第 7 单元介绍指针定义及指针变量使用;第 8 单元介绍结构体、共用体、枚举类型及类型声明类 typedef 的使用;第 9 单元介绍文件的打开与关闭、文件的顺序读写。

本书适合作为高等职业院校各专业"C 语言程序设计"课程的教材,也可作为计算机相关专业的程序设计入门教材以及计算机技术的培训教材,还可作为全国计算机等级考试的参考书和编程爱好者自学 C 语言的自学教材。

图书在版编目(CIP)数据

C 语言程序设计/明平象,全丽莉,祝种谷主编 . —重庆:重庆大学出版社,2015.9(2021.1 重印)
ISBN 978-7-5624-9359-4

Ⅰ.①C… Ⅱ.①明…②全…③祝… Ⅲ.①C 语言—程序设计—高等学校—教材 Ⅳ.①TP312

中国版本图书馆 CIP 数据核字(2015)第 172283 号

C 语言程序设计

主 编 明平象 全丽莉 祝种谷
副主编 张吉力 李芙蓉 魏 芬
策划编辑:杨 漫
责任编辑:陈 力 版式设计:杨 漫
责任校对:张红梅 责任印制:赵 晟

*

重庆大学出版社出版发行
出版人:饶帮华
社址:重庆市沙坪坝区大学城西路 21 号
邮编:401331
电话:(023) 88617190 88617185(中小学)
传真:(023) 88617186 88617166
网址:http://www.cqup.com.cn
邮箱:fxk@ cqup.com.cn(营销中心)
全国新华书店经销
重庆巍承印务有限公司印刷

*

开本:787mm×1092mm 1/16 印张:11.5 字数:245 千
2015 年 8 月第 1 版 2021 年 1 月第 5 次印刷
印数:4 221—6 220
ISBN 978-7-5624-9359-4 定价:25.00 元

前　言

　　C语言是一种面向过程的结构化程序设计语言,具有简洁、紧凑、灵活、实用、高效、可移植性好等优点,深受广大用户欢迎。C语言程序设计简单易学,是编程人员及广大程序爱好者较好的入门语言之一,近十几年来,在高校各专业中,是开设最多的程序设计课程。

　　本书是在基于多年的丰富教学经验及素材积累基础上编写的,具有以下特点:

　　1.“够用必须”原则和“提高学生学习兴趣”原则。在每个单元设计中,避免一开始就是烦琐的语法结构,而是通过解决一个任务,让学生从有解决问题的兴趣入手,并能尽快对这部分内容进行掌握,再按需求逐步加深提高。

　　2.“项目导向”原则。全书都是由一个个小任务组成,通过完成一个个小项目,使学生在不知不觉中掌握C语言的知识,以及分析、解决问题的能力,并能形成良好的程序编程习惯。

　　3.“知识碎片化原则”和“知识点明确导向原则”。在全书的编写过程中,尽量将知识碎片化,使每一个知识点都有对应的案例,并有相应的解释,让学生能较快地对自己在学习中存在疑问或没有弄懂的知识点从书本中找到相关学习内容。

　　4.“算法与C语言尽量分离原则”。很多学生在C语言学习过程中感到有一定的困难,其主要原因还是学生的算法能力不足,本书尽量将算法与C语言本身的语法结构分离,让学生在学习其他语言或学科中有好的借鉴作用。

　　5.“由浅入深”原则。本教材从简单的案例入手,再逐步提高,尽量满足不同学习需求的学生。

　　全书共分为9个单元,第1单元介绍程序设计的基础知识,C语言程序结构及特点,数据类型及基本语法知识;第2单元介绍输入输出函数调用及顺序结构程序设计;第3单元介绍关系运算符和表达式、用 if 语句和 switch 语句实现选择结构程序设计;第4单元介绍用 while 语句、do-while 语句和 for 语句实现循环语句;第5单元介绍数组的定义和初始化、一维数组、二维数组及字符数组;第6单元介绍函数的定义及调用;第7单元介绍指针定义及指针变量使用;第8单元介绍结构体、共用体、枚举类型及类型声明类typedef的使用;第9单元介绍文件的打开与关闭、文件的顺序读写。

　　本书由明平象、全丽莉、祝种谷、张吉力、李芙蓉、魏芬、郑火胜等老师共同编写,由明平象老师、全丽莉老师、祝种谷老师担任主编。

　　由于编者水平有限,书中难免存在疏漏之处,恳请读者批评指正。

编　者

2015 年 6 月

目录 CONTENTS

单元 1　程序设计基础 ··· 1

1.1　C 语言程序开发过程 ·· 2

1.2　数据描述 ·· 5

1.3　数据操作 ·· 9

习题 ··· 12

单元 2　顺序结构程序设计 ··· 15

2.1　算法及其表示 ·· 16

2.2　程序的 3 种基本结构 ··· 17

2.3　数据的输入和输出 ··· 19

习题 ··· 24

单元 3　选择结构程序设计 ··· 27

3.1　条件判断表达式 ·· 28

3.2　if 语句的 3 种选择结构 ··· 31

3.3　switch 语句 ·· 37

3.4　选择结构程序举例 ··· 40

习题 ··· 43

单元 4　循环结构程序设计 ··· 45

4.1　while 与 do…while 循环结构 ······································ 46

4.2　for 循环结构 ··· 50

习题 ··· 59

单元 5　数组 ·· 67

5.1　一维数组 ·· 68

5.2　二维数组 ·· 77

5.3　字符数组 ·· 80

习题 ··· 93

单元 6   函数 ··· 99

6.1   函数的定义及调用 ·· 100

6.2   函数的嵌套调用及递归调用 ······························· 104

6.3   数组作为函数参数 ··· 106

习题 ··· 112

单元 7   指针 ··· 115

7.1   指针和指针变量 ·· 116

7.2   指向数组的指针 ·· 120

7.3   使用指针作函数参数 ··· 123

习题 ··· 126

单元 8   用户自定义数据类型 ··· 129

8.1   结构体 ··· 130

8.2   共用体 ··· 142

8.3   枚举类型 ·· 145

8.4   类型声明符 typedef ·· 148

习题 ··· 152

单元 9   文件操作 ··· 157

9.1   C 语言文件概述 ·· 158

9.2   文件的打开与关闭 ··· 159

9.3   文件的顺序读写 ·· 162

9.4   文件的随机读写 ·· 169

习题 ··· 172

参考文献 ··· 177

单元1　程序设计基础

知识目标

1. 初步熟悉 C 语言程序开发过程和使用 Visual C++开发程序的步骤；

2. 掌握标识符的命名规则；

3. 熟练掌握各种运算符的使用。

能力目标

1. 具有模仿编写简单程序的能力；

2. 具有初步调试 C 语言程序的能力。

1.1　C语言程序开发过程

【任务】　从键盘输入 2 个整数,然后输出它们的和。

【算法分析】

①定义 3 个变量。

②输入 2 个整数。

③计算它们的和。

④输出结果。

【代码】

```
#include<stdio.h>              //文件预处理
void main( )                   //函数名
{                              //函数体开始
    int x,y,s;                 //定义 3 个整型变量
    printf("请输入两个整数:");
    scanf("%d%d",&x,&y);       / * 从键盘输入 2 个整数 * /
    s=x+y;                     //求 x 和 y 的和,并把它赋给变量 s
    printf("两个数的和是：%d",s);  //显示程序运算结果 s 的值
}                              //函数体结束
```

【知识点】

1.C 语言的程序结构

计算机语言(Computer Language)是人与计算机之间通信的语言,它主要由一些指令组成,这些指令包括数字、符号和语法等内容,程序员可以通过这些指令来指挥计算机进行各种工作。计算机的语言种类很多,总的来说可分为机器语言、汇编语言、高级语言三大类。

C 语言是面向过程的结构化程序设计高级语言。

C 程序由一个或多个文件组成,而一个文件可由一个或多个函数组成,但有且只能有一个 main 函数。程序总是从 main 函数开始执行,最后回到 main 函数。

从本任务可以看出:C 函数由语句构成,每条语句最后都必须用";"结束。但

main( )、#include 不是语句,所以后面不用";"。语句由关键字、标识符、运算符和表达式构成。其中"{"和"}"分别表示函数执行的起点与终点或程序块的起点和终点。

"//"为单行注释符,"/ * "和" * /"为多行注释符,对语句起注释作用,不对程序的编译和执行产生影响。

C 程序中书写格式自由,一行内可以写几个语句,但为了清晰一般写一条语句,并且区别大小写字母。用 C 语言写成的主函数结构如图1.1所示。

图 1.1　C 语言主函数结构图

2.程序开发过程

用 C 语言编写的程序不能被计算机直接识别、理解和执行,必须通过编译程序把源程序转换为计算机能直接识别、理解和执行的二进制目标代码。由编写 C 语言源程序到运行程序需要经过下述 4 个步骤。

(1)编辑源文件(.c 作为扩展名)

先编写 C 语言源程序存储在磁盘文件中,这一过程称为编辑。可以使用 Viscal C++ 编译系统,也可使用其他的编辑软件。

(2)编译源文件,形成目标程序文件(.obj 作为扩展名)

编译就是将已编辑好的源程序翻译成二进制的目标代码。编译的过程就是对源程序进行语法检查,若有错误,指出错误所在。此时,应重新进入编辑环境进行修改,完成后重新编译。若无错,产生扩展名为.obj 的目标文件。

(3)连接目标程序,形成可执行文件(.exe 作为扩展名)

经编译后得到的二进制代码还不能直接执行,需要把编译好的各个模块的目标代码与系统提供的标准模块(C 语言标准函数库)进行连接,得到.exe 的可执行文件。

(4)执行可执行文件,得到程序运行结果

执行一个经编译和连接后得到的可执行文件,得到程序运行结果。

3.使用 VisualC++开发程序的步骤

实现 C 编译系统有很多种,本书以 Visual C++6.0(简称 VC++6.0)为开发平台,其开发程序的步骤如下:

(1)打开 Visual C++6.0 用户界面

选择"开始"→"程序"→"Microsoft Visual Studio 6.0"→"Microsoft Visual C++6.0"菜单命令或者双击桌面上的"Visual C++6.0"的快捷图标,即可进入"Visual C++6.0"的界面,如图1.2所示。

(2)建立源文件

选择"文件"→"新建"菜单命令,打开"新建"对话框,如图1.3所示,选择"文件"选项卡,再在列表框中选择"C++Source File"选项,在"文件"文本框中输入文件名称,如

"任务.c",在"目录"文本框中输入或选择文件存放的目录,单击"确定"按钮,打开编辑窗口,输入代码,编辑完成后选择"文件"→"保存"命令保存文件。

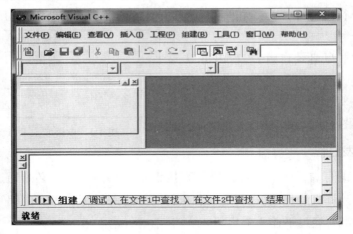

图 1.2　Visual C++6.0 界面

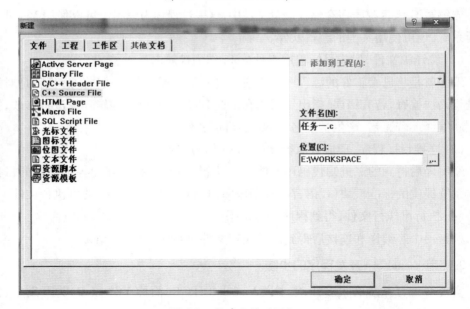

图 1.3　新建文件对话框

（3）编译源程序

执行"组建"→"编译"命令或者快捷键"Ctrl+F7",对文件进行编译,如有编译错误,会在调试窗口中显示信息,双击出错信息,即可在源文件中定位错误,此时需要对文件继续编辑,修改后再编译,直到没有错误,生成扩展名为.obj 的目标文件。

（4）生成可执行文件

选择"组建"→"组建"命令或者快捷键"F7",即可生成扩展名为.exe 的可执行文件。

（5）执行程序

选择"组建"→"！执行"命令或者快捷键"Ctrl+F5"，执行可执行文件。此时打开程序执行输出窗口。

1.2　数据描述

一个函数的函数体由数据声明部分和语句部分组成。数据声明就是定义该函数中用到的数据，也就是对数据的描述；语句部分用来对数据的操作。本节介绍对数据的描述。

1.常量

在程序运行中，其值不能被改变的数据称为常量。常量按数据类型可以分为整型常量、实型常量、字符型常量和字符串常量4种；按表现形态可以分为直接常量和符号常量两种。

（1）整型常量

整型常量是没有小数点的数值，由3种形式：十进制、八进制和十六进制。

①十进制：由数码0~9组成的数字序列，如198。

②八进制：以0开头，由数码0~7组成的数字序列，如0342。

③十六进制：以0x或者0X开头，由数码0~9、字符A~F组成的数字序列，如0x25AF。

（2）实型常量

以小数形式或指数形式出现的数，均为实型常量。它有十进制小数形式和指数形式两种。

①十进制小数形式：由数码0~9、正负号和小数点（必须要有小数点）组成，如3.1415,24.,.54。

②指数形式：由尾数、字母e或E和阶码3部分组成，其中尾数为十进制小数或整数，阶码为十进制整数。尾数和阶码都不能省略，如3.1415e3表示3.1415×10^3。

［**注意**］　在VC++6.0环境中，实型常量在内存中占8个字节。

（3）字符型常量

字符型常量是指用西文的单引号括起来的单个普通字符或转义字符，单引号称为字符型常量的定界符，定界符中包含的那个字符是字符常量。

普通字符指ASCII字符集包含的可输出字符，转义字符是以"\"开头的特殊字符序列，将"\"后面的字符转换成特定的含义，用来表示控制代码，常见的转义字符及功能见表1.1。

表 1.1　常用的转义字符及功能

转义字符	转义字符的意义	ASCII 代码
\n	回车换行,将当前位置移到下一行的开头	10
\r	回车,将当前位置移到本行的开头	13
\f	将当前位置移到下一页开关	12
\t	将当前位置水平跳到下一制表位置(tab)	9
\b	退格,将当前位置后退一个字符	8
\\	输出反斜线符	92
\'	输出单引号符	39
\"	输出双引号符	34
\ddd	输出 1~3 位八进制数所代表的字符	
\xhh	输出 1~2 位十六进制数所代表的字符	

(4)字符串常量

用西文的双引号""括起来的一串字符,双引号称为字符串型常量的定界符,如"hello""123"。

一个字符串可以包含一个字符或多个字符,也可以不包含任何字符,即长度为零。

(5)符号常量

C 语言中除上述的直接常量外,还有一种用标识符代表的常量,称为符号常量。它必须先定义后使用。定义时必须指定符号常量的名和值,在运行过程中它的值不能被改变(即不能被赋值)。一般在程序中多次使用的常量,通常用符号常量,以减轻编程的工作量。

符号常量的定义方法为:

　　#define 符号常量名　　常量

[注意]

①符号常量名遵守标识符命名规则,标识符的命名规则:以字母或下划线开头,由字母、数字、下划线组成;不能用关键字作标识符。

②习惯上符号常量的标识符用大写字母,变量标识符用小写字母,以示区别。

③此定义为宏预处理,行末没有分号。

④符号常量不占内存,只是一个临时符号,在预编译时,用值代替常量名。

例 1.1　符号常量的使用——求圆的面积。

```c
#include<stdio.h>
#define PI 3.14159            //定义符号常量 PI,值为 3.14159
void main( )
{
```

```
float area,r = 10;
area = PI * r * r;
printf("area = %f\n",area);
}
```

程序运行结果如图 1.4 所示。

图 1.4 例 1.1 程序运行结果

2.变量

变量就是在程序运行过程中,其值可以被改变的量。每个变量都有一个名字和相应的数据类型,名字表示数据在内存中的位置,而数据类型则决定了占用内存的大小以及值的范围。变量名和类型由变量定义指定,所以变量定义必须在变量使用之前,即变量要先定义,后使用。

(1)变量的定义

变量定义的一般格式:

　　　　类型声明符　变量名[,变量名,…];

方括号的内容表示可选的,类型声明符用来说明变量的数据类型,变量名必须遵守标识符命名规则。例如:

```
int   x;                          //定义了整形变量 x
float   a,b;                      //定义了实型变量 a,b
char   c1,c2,c3;                  //定义了字符型变量 c1,c2,c3
```

(2)变量的赋值

用赋值语句把计算得到的表达式的值赋给一个变量。例如:

```
int x,y;                          //定义了整形变量 x,y
x = 3;                            //将 3 赋给 x 这个变量
y = x+2;                          //将 x+2 的值赋给 y 这个变量,此时 x 必须要
                                    有确定的值
```

(3)变量的初始化

在定义变量时,给变量赋值称为变量的初始化。例如:

```
int   x = 3,y;                    //在定义变量 x,y 的同时给变量 x 赋值为 3,是
                                    对变量 x 进行初始化
```

(4)变量的数据类型

在 C 语言中,数据类型可分为 4 类,即基本数据类型、构造数据类型、指针类型和空

类型,如图 1.5 所示。在此介绍基本数据类型,其余类型在以后章节中陆续介绍。

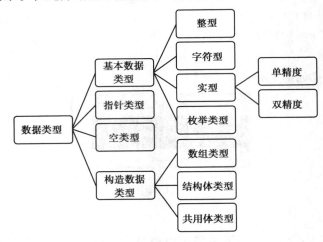

图 1.5　C 语言数据类型

①整型变量:整型变量用来储存整数数值,即没有小数部分的值。整型数据分类及长度见表 1.2。

表 1.2　整形数据常见种类及长度

整型种类	类型名	VC++6.0 中占字节数	取值范围
有符号基本整型	[signed] int	4 个字节	$-2^{31} \sim 2^{31}-1$
无符号基本整型	unsigned int	4 个字节	$0 \sim 2^{32}-1$
有符号短整型	[signed] short[int]	2 个字节	$-2^{15} \sim 2^{15}-1$
无符号短整型	unsigned short[int]	2 个字节	$0 \sim 2^{16}-1$
有符号长整型	[signed] long[int]	4 个字节	$-2^{31} \sim 2^{31}-1$
无符号长整型	unsigned long[int]	4 个字节	$0 \sim 2^{32}-1$
有符号双长整型	[signed] long long[int]	8 个字节	$-2^{63} \sim 2^{63}-1$
无符号双长整型	unsigned long long[int]	8 个字节	$0 \sim 2^{64}-1$

②实型变量:实型变量用来存储小数数值。实型数据分类及长度见表 1.3。

表 1.3　实型数据常见种类及长度

浮点型种类	VC++6.0 中占字节数	取值范围
float	4 个字节	$-2^{31} \sim 2^{31}-1$
double	8 个字节	$-2^{63} \sim 2^{63}-1$
long double	8 个字节	$-2^{63} \sim 2^{63}-1$

注:在 Visual C++6.0 中 long double 被作为 double 处理。

③字符型变量:C 语言字符是语言的最基本的元素,由字母、数字、空白符、标点和

特殊字符组成。在机器中,字符型也是一种整型,以1个字节(8位)的 ASCII 存储。字符型数据分类及长度见表1.4。

表 1.4 字符型数据常见种类及长度

字符型种类	类型名	VC++6.0 中占字节数	取值范围
有符号字符型	[signed] char	1 个字节	$-2^7 \sim 2^7-1$
无符号字符型	unsigned char	1 个字节	$0 \sim 2^8-1$

④枚举类型:枚举类型是指把可能的值一一列举出来,变量的值只可在列举出来的值的范围内取。在以后的章节将进行介绍。

1.3 数据操作

1.运算符与表达式

(1)运算量

参加运算的对象称为运算量,运算量包括常量、变量和函数等。

(2)运算符

表示运算的符号称为运算符或操作符。有1个运算量的运算符称为单目运算符;有两个运算量的运算符称为双目运算符;有3个运算量的运算符称为三目运算符。

C语言提供了丰富的运算符,共有13类:

①算术运算符:(+ - * / % ++ --)。

②关系运算符:(< <= == > >= !=)。

③逻辑运算符:(! && ||)。

④位运算符:(<< >> ~ | ^ &)。

⑤赋值运算符:(=及其扩展)。

⑥条件运算符:(?:)。

⑦逗号运算符:(,)。

⑧指针运算符:(* &)。

⑨求字节数:(sizeof)。

⑩强制类型转换:(类型)。

⑪分量运算符:(. ->)。

⑫下标运算符:([])。

⑬其他运算符:(( ) -)。

(3)运算符的优先级与结合性

①运算符的优先级。当在一个表达式中出现多个运算符时,要按照运算符的优先级别进行运算,优先级别高的先于优先级别低的运算。

②运算符的结合性。在一个运算量两侧的运算级别相同时,则按照运算符的结合性规定的结合方向处理。结合方向包括:左结合性(自左至右)和右结合性(自右至左)。

一般来说,运算符的优先级:单目运算符>算术运算符>关系运算符>逻辑运算符>赋值运算符。

大多数运算符具有左结合性,单目运算符、赋值运算符和三目运算符具有右结合性。

(4)表达式

用运算符把运算量连接起来的式子称为表达式。单个常量、变量或函数也可以看成是特殊的表达式。

2.算术运算

5种基本的算术运算符分别是:+(加法)、-(减法)、*(乘法)、/(除法)、%(求余数)。

在这里,需要特别提出的是:

(1)关于除法运算"/"

在进行除法运算时,当除数和被除数都为整数时,得到的结果也是一个整数。如果除法运算有小数参与,得到的结果会是一个小数。例如:5/2=2,而 5.0/2=2.5。

(2)关于求余数运算"%"

要求两侧的操作数均为整型数据,结果的符号与被除数的符号相同。例如:5%3=2,3%5=3,-5%3=-2,-5%(-3)=-2。但是,5.2%3 是语法错。

"*""/""%"的优先级别高于"+""-"的优先级,都具有左结合性。

3.赋值类运算

(1)赋值运算

赋值符号"="就是赋值运算符,它的作用是将一个表达式的值赋给一个变量。

赋值运算符的一般格式为:

变量=表达式

例如:

x=7   //将 7 赋给变量 x

x=2+7   //将 2+7 的值赋给变量 x

但 7=x 是错误的,因为赋值符号"="的左边一定是单个的变量,不能是常量或表达式。

赋值运算符的优先级别仅高于逗号运算符,具有右结合性。

(2)复合赋值运算

在赋值符之前加上其他的运算符可构成复合赋值符,如"+=""-=""*=""/=""%="。

复合赋值运算的一般格式为:

    变量　复合运算符　表达式

例如:

x+=3　　　　　　　　　//等价于 x＝x+3

x * =y+2　　　　　　　//等价于 x＝x * (y+2)

复合赋值运算的优先级别和结合性与赋值运算符的相同。

（3）自增和自减运算

自增运算符为"++",其功能是使变量自加 1。自减运算符为"−−",其功能是使变量自减 1。

它们有两种用法:

    前缀运算:++变量,−−变量

先使变量的值增(减)1,然后再以改变后的值参与其他运算,即先增减,后运算。

    后缀运算:变量++,变量−−

变量先参与其他运算,然后再使变量的值增(减)1,,即先运算,后增减。

例 1.2　自增自减运算

```c
#include<stdio.h>
void main( )
{
    int i=10;
    printf("%d\n",++i);      //i 的值先加 1 后输出 i 的值 11
    printf("%d\n",--i);      //i 的值先减 1 后输出 i 的值 10
    printf("%d\n",i++);      //i 的值 10 先输出后再加 1 得 11
    printf("%d\n",i--);      //i 的值 11 先输出后再减 1 得 10
}
```

程序运行结果如图 1.6 所示。

4.逗号运算

C 语言提供一种用逗号运算符"," 连接起来的式子,称为逗号表达式。逗号运算符又称顺序求值运算符。

图 1.6　例 1.2 程序运行结果

逗号表达式一般格式:

    表达式 1,表达式 2,…,表达式 n.

逗号表达式求解过程:自左至右,依次计算各表达式的值,"表达式 n"的值即为整个逗号表达式的值。

逗号表达式优先级别最低,具有左结合性。

例如:逗号表达式"a=2 * 5,a * 4"的值等于 40:先求解 a=2 * 5,得 a=10;再求 a * 4=40,所以逗号表达式的值为 40。

又例如:逗号表达式"b=2+1,b＊5,b+9"的值等于12,先求解b=2+1,得b=3,再求b＊5=15;最后求解b+9=12,所以逗号表达式的值为12。

5.强制类型转换

在C语言中,可以把一种类型的数据通过强制类型转换为另一种类型的数据。

强制类型转换一般格式为:

　　(类型声明符)(表达式)

功能:把表达式的运算结果强制转换成类型声明符所表示的类型。例如:

(int)x　　　　　　　　　　//把x转换为整型

(float)(a+b)　　　　　　　//把a+b的结果转换为实型

在使用强制转换时应注意以下问题:

①类型声明符和表达式都必须加括号(变量可不加),如把(float)(a+b)写成(float)a+b则成了把a转换成float型之后再和b相加。

②将实数转换为整数时,直接截断,不是四舍五入,如(Int)4.7结果为4。

③强制转换和自动转换只是为了本次运算的需要而对变量的数据长度进行的临时性转换,而不改变原来对该变量定义的类型。如(int)x只是将x的值转换成一个int型的中间量,数据类型并没转换成int型。

6.长度运算

长度运算可以求出指定数据类型或数据在内存中的存储长度。

长度运算的一般格式为:

　　sizeof(类型标识符或表达式)

例如:int a;sizeof(a)的结果为4。

【课堂训练】

1.假设m是一个三位数,分别输出m各位上的数字。

2.已知a=8,b=15,交换a和b的值后输出。

习　题

1.选择题

(1)组成C语言程序的是(　　　)。

A.子程序　　　　　　　B.过程　　　　　　　C.函数　　　　　　　D.主程序和子程序

(2)在C语言的编辑、编译、连接、运行过程中,会产生各种类型的文件,以文件名file1为例,请选择出可直接执行的文件是(　　　)。

A.file1.c　　　　　　　B.file1.obj　　　　　　C.file1.exe　　　　　　D.file.link

（3）以下正确的变量名是（　　　　）。

A.if　　　　　　　　B.while　　　　　　C.z$7　　　　　　D.sum

（4）下列说法中,正确的是（　　　　）。

A.C 语言程序总是从第一个定义的函数开始执行

B.在 C 语言程序中,要调用的函数必须在 main（ ）函数中定义

C.C 语言程序总是从 main（ ）函数开始执行

D.C 语言程序中的 main（ ）函数必须放在程序的开始部分

（5）下列正确的赋值语句是（　　　　）。

A.10 ＝a;　　　　　B.b＝4.c;　　　　　C.c＝15＊5;　　　　D.a+47＝c;

（6）char 型变量存放的是（　　　　）。

A.整数　　　　　　　B.字符　　　　　　　C.字符串　　　　　　D.分数

（7）设 t 为 double 类型,则表达式 t＝1,t＊5,t 的值为（　　　　）。

A.1.0　　　　　　　B.1　　　　　　　　C.6　　　　　　　D.5.0

（8）字符串"abcd\tef\0g"的长度是（　　　　）。

A.9　　　　　　　　B.7　　　　　　　　C.6　　　　　　　D.4

（9）已知 int y;执行语句 y＝5/2;则变量 y 的结果是（　　　　）。

A.2.0　　　　　　　B.-2　　　　　　　C.2.5　　　　　　D.2

（10）设 int x＝1,y＝1;表达式（! x ‖ y--）的值是（　　　　）。

A.0　　　　　　　　B.1　　　　　　　　C.2　　　　　　　D.-1

（11）下列能正确表示逻辑关系 a>＝10 或 a<＝0 的 C 语言表达式是（　　　　）。

A.a>＝10or a<＝0　　　　　　　　　B.a>＝10∣ a<＝0

C.a>＝10&& a<＝0　　　　　　　　　D.a>＝10 ‖ a<＝0

（12）设 int x＝5,y＝4;执行语句 y＝++x,则变量 y 的值是（　　　　）。

A.4　　　　　　　　B.5　　　　　　　　C.6　　　　　　　D.10

（13）下列数据中,属于字符串常量的是（　　　　）。

A.BCD　　　　　　　B."BCD"　　　　　　C.' BCD '　　　　　D.' S '

（14）在 C 语言中,运算对象必须是整形数的运算符是（　　　　）。

A.%　　　　　　　　B.\　　　　　　　　C.%和\　　　　　　D. ＊

（15）int x＝3,y＝2;则表达式 x+＝x ＊＝y+8 的值为（　　　　）。

A.28　　　　　　　　B.30　　　　　　　　C.60　　　　　　　D.17

（16）下列能正确表示 C 语言的字符常量的是（　　　　）。

A.'\0x41 '　　　　　B."A"　　　　　　　C.'\\'　　　　　　D." \0"

（17）设以下变量均为 int 型,则值不等于 7 的表达式是（　　　　）。

A.（x＝y＝6,x+y,x+1）　　　　　　　B.（x＝y＝6,x+y,y+1）

C.（x＝6,x+1,y＝6,x+y）　　　　　　　D.（y＝6,y+1,x＝y,x+1）

（18）已知 x ＝ 43,ch ＝ ' A ',y ＝ 0;则表达式（x > ＝ y &&ch < ' B ' && !y）的值

是( )。

    A.0   B.语法错   C.1   D."假"

2.填空题

（1）C 语言源程序文件的扩展名是＿＿＿＿＿＿＿，经过编译后，生成文件的扩展名是＿＿＿＿＿＿＿，经过连接后，生成文件的扩展名是＿＿＿＿＿。

（2）在 C 语言中的实型变量分为两种类型，即＿＿＿＿＿＿和＿＿＿＿＿。

（3）C 语言标识符由字母、＿＿＿＿＿＿和＿＿＿＿＿＿来构造。

（4）设 x 为 float 型变量，y 为 double 型变量，a 为 int 型变量，则表达式 x+y＊a 的结果类型为＿＿＿＿＿。

（5）C 语言中普通整型变量的类型声明符为＿＿＿＿＿＿。

（6）若有声明和语句 int a＝25，b＝30，c，d；c＝＋＋a；d＝b＋＋；则 c 的值为＿＿＿＿＿＿，d 的值为＿＿＿＿＿。

（7）C 语言中逻辑值真用＿＿＿＿＿表示，假用＿＿＿＿＿＿表示。

（8）表达式 4%5 的值是＿＿＿＿＿＿，表达式 4/5 的值是＿＿＿＿＿＿，表达式 4/5.0 的值是＿＿＿＿＿。

（9）设变量均为 int 型变量，则表达式（x＝y＝5，x+y，x+3）的值是＿＿＿＿＿。

（10）若 a 是 int 型变量，且 a 的初值为 6，则计算表达式 a+＝a-＝a+a 后 a 的值是＿＿＿＿＿。

（11）当 a＝5，b＝4，c＝2 时，表达式 a>b！＝c 的值是＿＿＿＿＿。

（12）条件"2<x<3 或 x<-10"的 C 语言表达式是＿＿＿＿＿。

（13）设有变量定义：int a＝6，b＝7，c＝1；则 c＝＝（a<＝b）的值是＿＿＿＿＿。

3.程序分析题（写出程序的运行结果）

```c
#include "stdio.h"
main()
{
    int i=8,j=10,m,n;
        m=++i;
    n=j++;
        printf("%d,%d,%d,%d",i,j,m,n);
}
```

单元2 顺序结构程序设计

▶ **知识目标**

1.了解算法的概念及其表示方法；

2.理解程序的 3 种基本结构；

3.熟练掌握格式化输入输出函数的使用方法；

4.掌握顺序结构程序设计方法。

▶ **能力目标**

1.具有使用流程图和 N-S 图描述算法的能力；

2.具有使用 C 语言进行顺序结构程序设计的能力；

3.具有初步编写简单程序的能力。

2.1　算法及其表示

【任务】　从键盘输入两个整数,交换它们的值后输出。

【算法分析】

①定义 3 个整型变量。

②输入 2 个整数。

③交换 2 个变量的值。

④输出结果。

【代码】

```
#include<stdio.h>
void main( )
{
    int x,y,p;                          //定义 3 个整型变量
    printf("请输入两个整数:");
    scanf("%d,%d",&x,&y);               /* 从键盘输入两个整数 */
    p=x;
    x=y;
    y=p;                                /* 交换 x 和 y 的值 */
    printf("交换后两个整数的值为:%d,%d\n",x,y);  //显示程序运算结果 s
                                                   的值
}
```

【知识点】

1.算法

为解决一个问题而采取的方法和步骤称为算法。对于同一个问题,可以有不同的解题方法和步骤,一般采用简单和运算步骤少的算法。

2.算法的表示

描述算法的方法有很多,如自然语言、传统流程图、N-S 流程图、伪代码等。下面简单介绍传统流程图、N-S 流程图两种算法表示方法。

（1）传统流程图

传统流程图（流程图）为四框一线,符合人们思维习惯,用它表示算法直观形象,易

于理解。常用的框图符号见表2.1。

（2）N-S流程图

1973年，美国学者提出了一种新的流程图——N-S流程图。在N-S流程图中取消了带箭头的流程线，即每种结构用一个矩形框表示。

表2.1　流程图符号

符　号	名　称	功　能
□	起止框	表示算法的开始和结束。一般内部只写"开始"或"结束"
▭	处理框	表示算法的某个处理步骤，一般内部填写赋值操作
◇	判断框	判断某个条件是否成立，成立时在出口处标明"是"或"Y"；不成立时标明"否"或"N"
▱	输入、输出框	表示一个算法输入和输出操作，一般内部填写"输入…"或"打印/显示…"
↓ →	带箭头的线段	表示流程进行的方向

2.2　程序的3种基本结构

C语言中一般采用顺序结构、选择结构和循环结构3种基本程序结构。

1.顺序结构

顺序结构就是按照程序语句的先后顺序，一条一条地依次执行。流程图如图2.1（a）所示，N-S图如图2.1（b）所示。

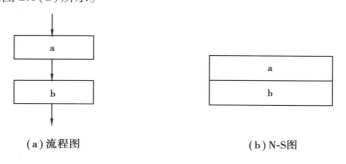

（a）流程图　　　　　　　　（b）N-S图

图2.1　顺序结构

2.选择结构

选择结构是根据条件判断的结果,从两种或多种路径中选择一条执行,流程图如图2.2(a)所示,N-S图如图2.2(b)所示。

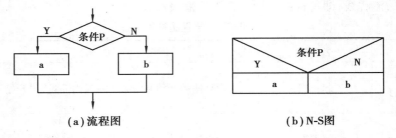

（a）流程图   （b）N-S图

图2.2　选择结构

3.循环结构

循环结构就是当条件成立时,重复执行一组操作。循环结构有两种,即当型循环结构和直到型循环结构。

（1）当型循环结构

当型循环结构就是先判断,后执行。流程图如图2.3(a)所示,N-S图如图2.3(b)所示。

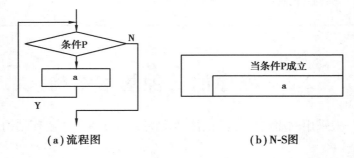

（a）流程图   （b）N-S图

图2.3　当型循环结构

（2）直到型循环结构

直到型循环结构就是先执行,后判断。流程图如图2.4(a)所示,N-S图如图2.4(b)所示。

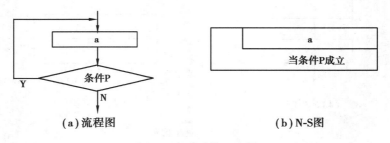

（a）流程图   （b）N-S图

图2.4　直到型循环结构

2.3 数据的输入和输出

C语言的输入和输出操作是通过C语言标准函数库中提供的输入输出函数来实现的。由于库函数的信息都在相关的头文件中,因此,使用前应在程序的开头使用相应的编译预处理命令,即使用前必须在程序的头部使用命令:

　　#include<stdio.h>或#include" stdio.h"

1.格式化输出函数 printf ( )

printf( )函数的功能是按用户指定的格式,把指定的数据输出到显示器屏幕上。

printf( )函数的一般格式为:

　　printf("格式字符串"[,输出项表]);

(1)常用的格式字符串

①格式指示符:常用的格式指示符有:

　　%d 带符号十进制整数

　　%f 带符号十进制小数形式(默认6位小数)

　　%c 输出一个字符

②转义字符:如任务一中的 printf( )函数中的"\n"就是转义字符,输出时产生一个"换行"。具体传义字符功能见表1.1。

③普通字符:除格式指示符和转义字符之外的其他字符。如任务一中的 printf("交换后两个整数的值为:%d,%d\n",x,y);中的"交换后两个整数的值为:",是格式字符串中的普通字符,原样输出。

(2)输出项表

要输出的数据,可以是变量或表达式,可以没有,多个时以","分隔。例如:

printf("请输入两个整数:\n");　　　　　　　//没有输出项

printf("%d",5+2);　　　　　　　　　　　//输出 5+2 表达式的值

printf("a=%d, b=%d\n",a,b);　　　　　　//输出变量 a 的值和变量 b 的值

[注意]　格式指示符一定要和输出项的数据类型一致,否则会出错。例如,"printf("%d,%f \n",3.756,8);"是错误的。因为"%d"是整型格式,但 3.756 却是实数,同样"%f"是实数格式,但 8 却是整型。

例2.1　格式化输出。

```
#include <stdio.h>
void main( )
{
    int x=5,y=3,z=8;                    //定义 x,y,z 3 个整型变量,并将
```

                                                     它们的初值赋为 5,3,8

```
float a=3.6,b=8.4;
char c1='a',c2='b';                    //定义 c1,c2 两个字符型变量,并
                                          将它们的初值赋为'a'和'b'
printf("输出 x,y,z 的值\n");           //原样"输出 x,y,z 的值"后换行
printf("x=%d,y=%d,z=%d\n",x,y,z);     //输出"x=5,y=3,z=8"后换行
printf("输出 a,b 的值\n");
printf("a=%f,b=%f\n",a,b);
printf("输出 c1,c2 的值\n");
printf("c1=%c,c2=%c\n",c1,c2);        //输出 c1=a,c2=b 后换行
}
```

程序运行结果如图 2.5 所示。

图 2.5　程序运行结果

格式字符串中的格式指示符除了上面常用的以外,还有很多,见表 2.2 和表 2.3。

表 2.2　printf **格式字符**

格式字符	说　明
d	以十进制形式输出带符号整数(正数不输出符号)
o	以八进制形式输出无符号整数(不输出前缀 0)
x,X	以十六进制形式输出无符号整数(不输出前缀 ox)
u	以十进制形式输出无符号整数
f	以小数形式输出单、双精度实数
e,E	以指数形式输出单、双精度实数
g,G	以%f 或%e 中较短的输出宽度输出单、双精度实数
c	输出单个字符
s	输出字符串

表 2.3　printf 的附加格式说明字符

字　符	说　明
l	用于长整型,可加在格式符 d、o、x、u 之前
m(代表一个整数)	输出字段的宽度。如果数据位数小于 m,补空格,反之按实际输出
.n(代表一个整数)	对实数表示输出 n 位小数;对字符串表示截取的字符个数
—	输出的数字或字符在域内向左看齐

例 2.2　格式化输出。

```
#include <stdio.h>
void main( )
{
    int a = 123;
    long c = 135790;
    float f = 123.456;
    printf("%d,%4d,%-4d,%2d\n",a,a,a,a);
    printf("%ld,%8ld,%-8ld,%5ld\n",c,c,c,c);
    printf("%f,%10f,%10.2f,%-10.2f,%.2f\n",f,f,f,f,f);
}
```

程序运行结果如图 2.6 所示。第一句 printf 中"%d"按实际输出"123;%4d"实际数据位数 3 小于 m 的值 4,在左边补 1 个空格输出"123;%-4d",向左看齐,右边补 1 个空格输出"123;%2d"按实际输出 123。第二句 printf 中"%ld"按实际输出"135790;%8ld"实际数据位数 6 小于 m 的值 8,在左边补 2 个空格输出"135790;%-8ld",向左看齐,右边补 2 个空格输出"135790;%5ld"按实际输出"135790"。第三句 printf 中"%f"按默认 6 位小数实际输出"123.456000;%10f"按默认 6 位小数后实际数据位数 10(小数点算一位)不小于 m 的值 10,实际输出"123.456000;%10.2f"保留 n 的值两位小数后,实际位数 6 小于 m 的值 10,在左边补 4 个空格输出"123.45;%-10.2f"向左看齐,右边补 4 个空格输出"123.45　　;%.2f"保留 n 的值两位小数后按实际输出"123.45"。

图 2.6　程序运行结果

2.格式化输入函数 scanf（ ）

scanf( )函数的功能是按指定格式从键盘读入数据,存入地址表指定的存储单元中,并按回车键结束。

scanf( )函数的一般格式:

scanf("格式字符串",输入项地址表列);

①格式字符串:格式字符串包括格式指示符和普通字符两部分。

格式指示符与 printf( )函数的格式指示符相似:"%d"表示带符号十进制整数,"%f"表示带符号十进制实数形式,"%c"表示一个字符。

普通字符在输入数据时,必须按原样一起输入。

②输入项地址表列:输入项地址表列由若干个输入项地址组成,相邻两个输入项地址之间用逗号分开。输入项地址一般由取地址运算符"&"和变量名组成,即 & 变量名。例如:

scanf("%d,%d",&x,&y);

其功能是从键盘上输入两个整数分别存入变量 x 和 y 的存储单元中,即输入两个整数分别赋给变量 x 和 y。若 x = 3,y = 5,则程序运行时在键盘上输入数据为:3,5✓(回车键)。

[**注意**]　3 和 5 之间一定要由逗号隔开,因为格式字符串中的两个%d 之间是用普通字符逗号隔开的,普通字符必须按原样输入。另外,地址符号不能掉,即不能写成"scanf("%d,%d",a,b);"

如果格式指示符之间没有普通字符分隔,输入数据时可用空格、回车键或 TAB 作为分隔符。例如:

scanf("%d%d",&x,&y);

同样 x = 3,y = 5,则程序运行时在键盘上输入数据可以是:3　5✓,也可以是 3✓ 5✓,还可以是 3(按 TAB 键)5✓。

例 2.3　格式化输入输出。

```
#include<stdio.h>
void main( )
{
    inta,b;
    float c;
    printf("input a,b,c\n");            //输出提示
    scanf("%d%d%f",&a,&b,&c);  /*输入两个整数赋给整型变量a和b,输入
                                    一个实数赋给实型变量c,3个数之间可以
                                    用空格、回车键或 TAB 键分开        */
    printf("a=%d,b=%d,c=%f\n",a,b,c);
}
```

程序运行结果如图 2.7 所示。

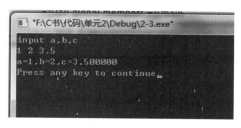

图 2.7 程序运行结果

3.字符输出函数 putchar（ ）

putchar( )函数的功能：在显示器上输出单个字符。

调用格式：

putchar(c) ;

函数参数 c，可以是字符变量或整型变量或字符常量，也可以是一个转义字符。例如：

putchar('a') ;   //输出小写字母 a

putchar('\n') ;   //换行

［注意］ putchar( )函数一次只能输出一个字符。

4.字符输入函数 getchar（ ）

getchar( )函数的功能：从键盘上输入一个字符。只接受单个字符，输入数字也按字符处理。输入多于一个字符时，只接收第一个字符。输入单个字符后，必须按一次回车，计算机才接受输入的字符。

调用格式：

getchar( ) ;

把输入的字符可以赋给一个字符变量或整形变量，构成赋值语句，也可以不赋给任何变量，而作为表达式的一部分。

例 2.4 字符输入输出函数。

```c
#include<stdio.h>
void main( )
{
    char c ;
    c = getchar( ) ;        //输入一个字符赋给变量 c
    putchar( c ) ;          //输出变量 c 的值
    putchar('\n') ;
}
```

程序运行结果如图 2.8 所示。

图2.8 程序运行结果

【课堂训练】

1.输入三角形3边的长,通过海伦公式 $area = \sqrt{s(s-a)(s-b)(s-c)}$ 求三角形的面积。

2.求 $ax^2+bx+c=0$ 的根,a、b、c 由键盘输入,假设 $b^2-4ac>0$。

习　题

1.选择题

(1)(　　)不是结构化程序设计中的3种基础结构之一。

A.数据结构　　　　B.选择结构　　　　C.循环结构　　　　D.顺序结构

(2)为了避免流程图在描述程序逻辑时的灵活性,提出了用方框图来代替传统的程序流程图,通常也将这种图称为(　　)。

A.PAD 图　　　　B.N-S 图　　　　C.结构图　　　　D.数据流图

(3)已知 float a=8,下列输出正确的是(　　)。

A.printf("%d",a);　　　　　　　　　B.printf("%s",a);

C.printf("%f",a);　　　　　　　　　D.printf("%c",a);

(4)下列程序运行结果是(　　)。

```
#include<stdio.h>
Void main( )
{
    int a=2,c=5;
    Printf("a=%d,b=%d\n",a,c);
}
```

A.a=%2,b=%5　　　B.a=2,b=5　　　　C.a=d,b=d　　　　D.a=%d,b=%d

(5)putchar( )函数的功能是从终端输出(　　)。

A.多个字符　　　　B.一个字符　　　　C.字符串　　　　D.一个整形量值

(6)有定义语句:intb;char c;,则正确的输入语句是(　　)。

A.scanf("%d%c",&b,&c);　　　　　　B.scanf("%d%c",&b, c);

C.scanf("%d%c",b, c);　　　　　　　D.scanf("%d%f",&b,&c);

(7)用 scanf("%d,%d",&a,&b)输入数据时,下面输入正确的是(　　)。

A.123,4　　　　　　B.123　4　　　　　　C.123;4　　　　　　D.1234

(8)已知 inta,b;用语句 scanf("%d%d",&a,&b)输入数据时,不能作为输入数据分隔符的是(　　)。

A.空格　　　　　　　　B.,　　　　　　　　C.回车　　　　　　D.TAB 键

(9)有以下程序段:

```
char  ch;    int  k;
ch='a';
k=12;
printf("%c,%d,",ch,ch,k);
printf("k=%d \n",k);
```

已知字符 a 的 ASCII 码值为97,则执行上述程序段后输出结果是(　　)。

A.因变量类型与格式描述符的类型不匹配输出无定值

B.输出项与格式描述符个数不符,输出为零值或不定值

C.a,97,12k=12

D.a,97,k=12

(10)下列程序运行的结果是(　　)。

```
main()
{
    int  x=3,y=4;
    float  z;
    z=0;
    printf("z=%5.2f\n",x+y);
}
```

A.7　　　　　　　　B.7.0　　　　　　　　C.7.00　　　　　　D.007.00

2.程序分析题（写出程序的运行结果）

(1)#include "stdio.h"

```
main()
{
    char c1='a', c2='b', c3='c';
    printf("a%c,b%c\nc%c\nabc\n",c1,c2,c3);
}
```

(2)#include "stdio.h"

```
main()
{
    int i=45;
```

```
        float j = 24.5437;
        printf("i = %4d,j = %3.2f\n",i,j);
    }
(3)#include "stdio.h"
main( )
{
    char c = 'z';
    printf("%c",c-25);
}
(4)#include <stdio.h>
main( )
{
    int a = 1,b = 0;
    printf("%d,",b = a+b);
    printf("%d\n",a = 2 * b);
}
```

3.编程题

（1）输入一个华氏温度 f，要求输出摄氏温度 c。转换公式：C = 5/9 * (F-32)。输出要有文字说明，取 3 位小数。

（2）输入一个数值，对该数值进分钟的转换，如图 2.9 所示。

图 2.9 程序运行结果

单元3 选择结构程序设计

▶ **知识目标**

1.掌握关系运算符、逻辑运算符、条件运算符；

2.掌握 if 语句的 3 种选择结构及嵌套；

3.掌握 switch 语句，了解 break 语句的功能。

▶ **能力目标**

1.具有应用 if 语句编写程序的能力；

2.具有应用 switch 语句编写程序的能力。

3.1 条件判断表达式

【算法分析】

①键盘输入一个学生成绩赋值给变量。

②使用关系运算符和逻辑运算符判断成绩是否为60~100,是则输出"该学生成绩及格",否则不输出。

【代码】

```
#include    <stdio.h>
void main( )
{
    float    cj;                          //定义变量cj,类型为浮点型
    printf("请输入一个学生成绩(成绩范围为0~100):\n");
    scanf("%f",&cj);
    if(cj>=60&&cj<=100)               //使用关系和逻辑运算符判断成绩是否在
                                       0~100
        printf("该学生成绩及格\n");    //满足条件输出"该学生成绩及格"
}
```

【知识点】

1.关系运算符和关系表达式

在编写程序的过程中经常会需要比较两个数或多个数的大小关系,并根据比较的结果来决定程序的下一步走向。在C语言中,比较两个或多个数大小的运算符称为关系运算符。

(1)关系运算符及优先级

<	（小于）	
>	（大于）	优先级相同（6级）
<=	（小于或等于）	
>=	（大于或等于）	
==	（等于）	优先级相同（7级）
!=	（不等于）	

①优先级

- 在上面 6 种关系运算符中,前 4 种优先级别相同,后两种优先级别相同。前 4 种优先级别高于后两种。
- 优先级别:算术运算符 ＞ 关系运算符 ＞ 赋值运算符。

②关系运算符的值

- 关系运算的值有两种:"真"和"假"。如果满足运算符的定义,则结果为"真";否则结果为"假"。在 C 编译给出关系运算值时,以 1 代表真,0 代表假。
- 在对两个数值进行关系运算时,是比较两个数值的大小;在对两个字符进行关系运算时,是比较两个字符的 ASCII 码的大小;不可以直接比较两个字符串的大小。

③关系运算符的结合性

关系运算符都是双目运算符,其结合性均为自左至右。

（2）关系表达式

①用关系运算符将两个表达式连接起来构成有意义的式子,称为关系表达式。

②关系表达式的格式:

　　　（表达式）关系运算符（表达式）

例如:3>2,a>b,s!＝m,(j+2)<＝(k-4)等都是合法的关系表达式。

［注意］　在 C 语言中,关系表达式的判断结果是以 1 代表真,0 代表假。但反过来在判断一个量是否为真还是假时,则是以 0 代表假,非 0 的数值代表真。

例 3.1　int a＝3,b＝5,c＝2 求以下表达式的值。

①a>b　　　将 a 和 b 的值代入进去为 3>5,不成立,结果为假即 0。

②a+c==b　算术运算符优先级别高于关系运算符,表达式可以改为(a+c)==b,将 a,b 和 c 的值代入进去为(3+2)==5,成立,结果为真即 1。

③a>0!＝c　将 a 和 c 的值代入进去为(3>0)!＝2,成立,结果为真即 1。

④a+b<0　　将 a 和 b 的值代入进去为(3>5)<0,不成立,结果为假即 0。

【课堂训练】

int a＝5,b＝3,c＝2,d,f, 求以下表达式的值。

①a>b

②（a>b）==c

③b+c<a

④d＝a>b

⑤f＝a>b>c

2.逻辑运算符和逻辑表达式

（1）逻辑运算符

逻辑运算符的说明和结合性见表 3.1。

表 3.1　逻辑运算符

运算符	名　称	说　　明	结合性
!	逻辑非	对单个表达式取反,即由真变假或由假变真	右结合
&&	逻辑与	两个表达式都为真,最终表达式的值为真,当两个表达式的值有一个为假,最终表达式的值为假	左结合
‖	逻辑或	两个表达式的值有一个为真时,最终表达式的值为真,当两个表达的值都为假时,最终表达式的值为假	左结合

①优先级

● ！>&&> ‖ 。

● ！>算术运算符赋 > 关系运算符 > && > ‖ > 赋值运算符。

②逻辑运算符的值

真值表见表 3.2。

表 3.2　真值表

a	b	! a	! b	a&&b	a ‖ b
真	真	假	假	真	真
真	假	假	真	假	真
假	真	真	假	假	真
假	假	真	真	假	假

● 逻辑运算的值也分为真和假两种,分别用 1 和 0 来表示。

(2)逻辑表达式

①用逻辑运算符将表达式连接起来构成有意义的式子,称为逻辑表达式。

②逻辑表达式的格式

　　　(表达式)逻辑运算符(表达式)

例如:a&&b,s ‖ m,! j,(a+b)&&k 等都是合法的关系表达式。

例 3.2　　int a=1,b=4,c=0 求以下表达式的值。

①a&&b　　　　　将 a 和 b 的值代入进去为 1&&4,成立,结果为真即 1。

②a ‖ c　　　　　将 a 和 c 的值代入进去为 1 ‖ 0,成立,结果为真即 1。

③a&&b&&c　　　将 a,b 和 c 的值代入进去为 1&&4&&0,不成立,结果为假即 0。

④! a ‖ ! b ‖ ! c　将 a,b 和 c 的值代入进去为! 1 ‖ !4 ‖ !0,成立,结果为真即 1。

[注意]　在 C 语言中,逻辑表达式具有一定短路特性。逻辑表达式在求解时,并非所有的逻辑运算符都被执行,只是在必须执行下一个逻辑运算符才能求出表达式的解时,才执行该运算符。例如:

a&&b&&c　只有在 a 的值为真时,才判断 b 的值,只有在 a 和 b 的都为真时,才判断 c 的值。

a‖b‖c　只有在 a 的值为假时,才判断 b 的值,只有在 a 和 b 的都为假时,才判断 c 的值。

【课堂训练】

int a=6;b=3;
①!a
②a&&b
③a‖b
④!a‖b
⑤4&&0‖2
⑥5>3&&2‖8<4-!0
⑦'c'&&'d'

3.2　if 语句的 3 种选择结构

【任务2】　从键盘输入一个数,判断该数是否为正数,是正数输出,否则不输出。

【算法分析】

①键盘输入一个数赋值给变量。

②使用关系表达式进行判断该数是否大于 0,如果大于 0 则该数是正数,输出;否则不输出。

【代码】

```
#include    <stdio.h>
void main( )
{
  int   a;                     //定义变量a,类型为整型
  printf("请输入一个整数:\n");
  scanf("%d",&a);
  if(a>0)                      //使用关系表达式进行判断,"a>0"是判断
                               条件
    printf("%d 是一个正数:",a);
}
```

【知识点】

1.if 语句（单分支语句）格式

If(表达式)

　　　　　语句;

［注意］

①该语句也可写在一行。

②If(表达式)不是单独的语句,后面不能加分号。

2.if 语句功能

判断 if 括号里表达式的值,如果表达式的值为真,则执行其后的语句,否则不执行语句。N-S 图如图 3.1 所示。

图 3.1　If 语句 N-S 图

例 3.3　比较两个整数的大小,输出小者。

```c
#include   <stdio.h>
void main( )
{
    int   a,b;
    printf( "请输入两个整数:\n" );
    scanf( "%d%d" ,&a,&b);
    if( a>b)
        printf( "两者的小者为%d\n" ,b);
    if( a<b)
        printf( "两者的小者为%d\n" ,a);
}
```

程序运行结果如图 3.2 所示。

图 3.2　例 3.3 程序运行结果

【课堂训练】

输入一个学生成绩,判断它是否是合法的成绩(合法成绩范围为 0~100)。

【任务3】 从键盘输入一个数,判断其奇偶性。

【算法分析】

①从键盘输入一个数赋值给一个变量。

②用 if 语句和关系表达式进行条件判断(判断条件:该数能被 2 整除就是偶数,否则是奇数)。

③根据判断条件输出其是偶数还是奇数。

【代码】

```c
#include "stdio.h"
void main( )
{
  int   a;                        //定义变量a,类型为整型
  printf("请输入一个整数:\n");
  scanf("%d",&a);
  if(a%2==0)                      //"a%2==0"是判断条件
    printf("%d 是一个偶数:\n",a);
  else
    printf("%d 是一个奇数:\n",a);
}
```

【知识点】

1.if-esle 语句(双分支语句)格式

 If(表达式)

    语句1;

  else

    语句2;

2.if-else 语句功能

判断 if 括号里表达式的值,如果表达式的值为真,则执行其后的语句1,否则执行语句2,如图3.3所示。

例 3.4 输入一个年份,判断其是否为闰年。

判断某一年是否为闰年的条件为:能被 4 整除并且不能被 100 整除,或者能被 400 整除的年份是闰年。

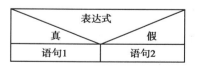

图 3.3 If-esle 流程图

```
#include "stdio.h"
void main( )
{
    int  year;
    printf("请输入年份:");
    scanf("%d",&year);
    if((year%4==0&&year%100!=0) || year%400==0)
        printf("%d 是闰年\n",year);
    else
        printf("%d 不是闰年\n",year);
}
```

程序运行结果如图3.4所示。

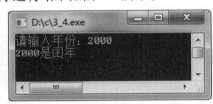

图3.4 例3.4程序运行结果

【课堂训练】

对用户任意输入的两个整数,按照由小到大的顺序排列后输出。

【任务4】 从键盘输入两个数,判断两个数之间的关系。

【算法分析】

①从键盘输入两个数并分别赋值给两个变量。

②使用关系表达式进行判断两个数的大小,根据判断结果输出两者的关系(大于、等于和小于)。

【代码】

```
#include  <stdio.h>
void main( )
{
    int  a,b;                          //定义变量 a 和 b,类型为整型
    printf("请输入两个整数:\n");
    scanf("%d%d",&a,&b);
```

```
    if(a>b)                          //使用关系表达式进行判断,"a>b"是判断
                                       条件
       printf("a>b");
    else if(a<b)
       printf("a<b");
    else
       printf("a=b");
}
```

【知识点】

1.if-else-if(多分支语句)格式

```
    If(表达式1)
         语句1;
    else if(表达式2)
         语句2;
    else if(表达式3)
         语句3;
         …
    else if(表达式n)
         语句n;
    else   语句n+1;
```

2.if-else-if 语句功能

判断表达式的值,当出现某个值为真时,则执行其对应的语句,然后跳转到整个if语句之外继续执行程序。如果所有表达式的值都为假时,则执行语句"n+1",然后继续执行整个 if 语句之外的后续程序,如图 3.5 所示。

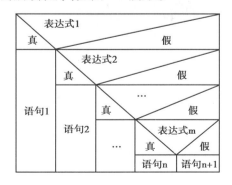

图 3.5 If-else-if 流程图

[注意] 当出现多个 if 和多个 else 重叠的情况时,要特别注意 if 和 else 的配对问

题。为了避免二义性,C 语言规定,else 总是与它前面离它最近的未被配对的 if 配对;也可以将内层 if 语句用"｛｝"括起来,增加层次感,避免二义性。

例 3.5　某超市规定西瓜售价,质量低于 1.5 kg 的每千克 3 元,质量大于等于1.5 kg 不足 10 kg 的每千克 2 元,质量大于 10 kg(含 10 kg)的每千克 1 元。编程由键盘输入一个质量,并输出该西瓜的价格。

```c
#include "stdio.h"
void main( )
{
    float   kg,jg;
    printf("请输入西瓜质量:");
    scanf("%f",&kg);
    if(kg<1.5)
        jg=3*kg;
    else if(kg>=1.5&&kg<10)
        jg=2*kg;
    else
        jg=1*kg;
    printf("该质量西瓜的售价为%.1f\n",jg);
}
```

程序运行结果如图 3.6 所示。

图 3.6　例 3.5 程序运行结果

【课堂训练】

有一函数, $y=\begin{cases} x & (x<1) \\ 3x+1 & (1\leqslant x<10) \\ 5x-9 & (x\geqslant10) \end{cases}$

要求写一程序,输入 x 的值,输出 y 的值。

【知识扩展】

1.条件运算符

①条件运算符为"?:",它是一个三目运算符。

②条件运算符的优先级低于关系运算符和算术运算符,但高于赋值运算符。

③条件运算符的结合性是自右至左。

2.条件表达式

①条件表达式为:

表达式1? 表达式2:表达式3

②功能为:判断表达式1的值,如果为真整个表达式的值为表达式2的值,如果为假整个表达式的值为表达式3的值。

例如:假设键盘输入两个值分别赋值给整型变量 a 和 b,将 a 和 b 两个数的小值赋值给变量 min,判断条件可以使用条件表达式来完成。

min = (a<b)? a:b

【课堂训练】

从键盘输入两个数,输出其中大值。要求用条件表达式实现。

3.3　switch 语句

【任务5】　从键盘输入一个学生的成绩,如果合法成绩(0~100 分),则根据成绩输出对应的等级(90~100 分:A;80~89 分:B;70~79 分:C;60~69 分:D;不及格:E),如果为非法成绩则给出错误提醒。

【算法分析】

①键盘输入一个数赋值给变量。

②使用 switch 语句进行判断,根据判断结果输出对应的等级关系。

【代码】

```
#include    <stdio.h>
void main( )
{
    int    cj;                      //定义变量 cj,类型为整型
    printf( "请输入 0~100 之间的一个成绩:\n" );
```

```
        scanf("%d",&cj);
        switch(cj/10)                      //使用关系表达式进行判断,"a>b"是判断条件
        {
            case 10:
            case 9:   printf("该成绩对应的等级为 A");break;
            case 8:   printf("该成绩对应的等级为 B");break;
            case 7:   printf("该成绩对应的等级为 C");break;
            case 6:   printf("该成绩对应的等级为 D");break;
            case 5:
            case 4:
            case 3:
            case 2:
            case 1:
            case 0:   printf("该成绩对应的等级为 E");break;
            default:  printf("输入的成绩有误! 无法判断!");
        }
    }
```

【知识点】

1.switch 语句格式

switch 语句是 C 语言提供的另外一种用于多分支选择的语句。

```
switch(表达式):
{
    case   常量表达式 1:语句组 1;break;
    case   常量表达式 2:语句组 2;break;
    case   常量表达式 3:语句组 3;break;
        …
    case   常量表达式 n:语句组 n;break;
    default:  语句组 n+1;
}
```

2.switch 语句功能

计算表达式的值,将其逐个与其后的常量表达式值相比较,当表达式的值与某个常量表达式的值相同时,执行其常量表达式后面的语句组,然后不再继续判断,直接跳出switch 语句后继语句;如果表达式的值与所有 case 后的常量表达式均不相同时,则执行default 后的语句,再跳出 switch 语句后继语句。

[注意]

①switch 后面的表达式可以是整型、字符型和枚举型中的一种。

②case 后的常量表达式的值必须互不相同,否则会出现矛盾的现象。

③每一个语句组后必须要加 break 语句。如果没有 break 语句,则表达式的值与常量表达式的某一个值相等后,系统在执行其后的语句组后,不再判断,继续执行后面所有 case 后的语句。

例 3.6　从键盘输入一个学生的成绩,若是合法成绩,则输出相应的等级,否则提示为不合法成绩。(不加 break 语句)

```c
#include    <stdio.h>
void main( )
{
    int    cj;
    printf("请输入 0~100 之间的一个成绩:\n");
    scanf("%d",&cj);
    switch(cj/10)
    {
        case 10:
        case 9:    printf("该成绩对应的等级为 A\n");
        case 8:    printf("该成绩对应的等级为 B\n");
        case 7:    printf("该成绩对应的等级为 C\n");
        case 6:    printf("该成绩对应的等级为 D\n");
        case 5:
        case 4:
        case 3:
        case 2:
        case 1:
        case 0:    printf("该成绩对应的等级为 E\n");
        default:    printf("输入的成绩有误! 无法判断! \n");
    }
}
```

程序运行结果如图 3.7 所示。

3.break 语句功能

在 switch 语句中,C 语言提供一种 break 语句,用于跳出 switch 语句,以免出现例 3.6 类似的错误。

break 语句没有参数,除了运用于 switch 语句中,还可

图 3.7　例 3.6 程序运行结果

以用于循环结构,具体参见循环结构。

【课堂训练】

用户输入一个数字,输出对应的星期及英语单词。

1:星期一 monday!

2:星期二 tuesday!

3:星期三 wednesday!

4:星期四 thursday!

5:星期五 friday!

6:星期六 saturday!

7:星期日 sunday!

其他:输入错误 error!

3.4 选择结构程序举例

例 3.7 求一元二次方程 $ax^2+bx+c=0$ 的实根或输出没有实根的提示信息(设 a!=0)。

```
#include<math.h>
#include<stdio.h>
void main( )
{
    int a,b,c;
    double d,x1,x2;
    printf("请输入 a,b,c:");
    scanf("%d,%d,%d",&a,&b,&c);
    d=b*b-4*a*c;
    if(d<0)
        printf("方程没有实根\n");
    else                          //两个实根
    {
        x1=(-b+sqrt(d))/(2*a);
        x2=(-b-sqrt(d))/(2*a);
        printf("两个实根:x1=%f,x2=%f\n",x1,x2);
    }
}
```

程序运行结果如图 3.8 所示。

图 3.8　例 3.7 程序运行结果

例 3.8　输入一个数值,判断其是否为 3 的倍数,如果是,则输出该数的平方;否则输出该数的立方。

```
#include<stdio.h>
void main( )
{
    int x;
    printf( "请输入一个整数:" );
    scanf( "%d" ,&x) ;
    if( x%3==0)
        printf( "%d\n" ,x * x) ;
    else
        printf( "%d\n " ,x * x * x) ;
}
```

程序运行结果如图 3.9 所示。

图 3.9　例 3.8 程序运行结果

例 3.9　输入一个 3 位数,判断其是否为水仙花数。

水仙花数条件:一个 3 位数,它的各位数字立方之和等于它本身,这个数就是水仙花数。

```
#include<stdio.h>
void main( )
{
    int a,b,c,x;
    printf( "请输入一个 3 位数:" );
    scanf( "%d" ,&x) ;
    a=x/100;
    b=x/10%10;
    c=x%10;
```

```
    if((a*a*a+b*b*b+c*c*c)==x)
        printf("%d 是水仙花数\n",x);
    else
        printf("%d 不是水仙花数\n ",x);
}
```

程序运行结果如图 3.10 所示。

图 3.10 例 3.9 程序运行结果

例 3.10 编写简单算术运算程序。用户输入两个整数及一个四则运算符,输出计算结果。

```
#include<stdio.h>
void main( )
{
    float a,b;
    char c;
    printf("input expression: a(+,-,*,/)b \n");
    scanf("%f%c%f",&a,&c,&b);
    switch(c)
    {
        case '+': printf("%f\n",a+b);break;
        case '-': printf("%f\n",a-b);break;
        case '*': printf("%f\n",a*b);break;
        case '/': printf("%f\n",a/b);break;
        default: printf("input error\n");
    }
}
```

程序运行结果如图 3.11 所示。

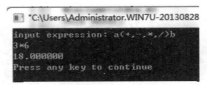

图 3.11 例 3.10 程序运行结果

习　题

1.选择题

(1)在 C 语言中,switch 语句括号里的表达式类型(　　　)。

A.可以是任意类型 　　　　　　　　　B.只能是浮点型

C.只能是整型 　　　　　　　　　　　D.可以是整型或字符型

(2)下列运算符中,优先级最高的是(　　　)。

A.条件运算符 　　　　　　　　　　　B.赋值运算符

C.关系运算符 　　　　　　　　　　　D.算术运算符

(3)判断变量 ch 是英文字母的表达式为(　　　)。

A.('a'<=ch<='z')&&('A'<=ch<='Z')

B.('a'<=ch<='z') || ('A'<=ch<='Z')

C.('a'<=ch&&ch<='z')&&('A'<=ch&&ch<='Z')

D.('a'<=ch&&ch<='z') || ('A'<=ch&&ch<='Z')

(4)为避免嵌套的 if-else 语句的二义性,C 语言规定 else 总是与(　　　)组成配对关系。

A.缩排位置相同的 if 　　　　　　　　B.同一行上的 if

C.离它最近的 if 　　　　　　　　　　D.在其之前未配对的最近的 if

(5)! x 等价于(　　　)。

A.x==1　　　　　　B.x==0　　　　　　C.x!=1　　　　　　D.x!=0

(6)为表示"a 和 b 都为 0",应使用的 C 语言表达式是(　　　)。

A.(a!=0) || (b!=0) 　　　　　　　　B.(a=0)&&(b=0)

C.(a=0) || (b=0) 　　　　　　　　　D.(a==0)&&(b==0)

(7)若希望当 a 的值为正数时,表达式的值为真,否则表达式的值为假,则正确的判断条件为(　　　)。

A.a>0　　　　　　B.a>=0　　　　　　C.a=0　　　　　　D.a<0

(8)设 int x=1,y=2;表达式(! x || y--)的值为(　　　)。

A.0　　　　　　　　B.1　　　　　　　　C.2　　　　　　　　D.-1

(9)下列能正确表示 10<=x<=20 的 C 语言表达式为(　　　)。

A.(10<=x)&(x<=20) 　　　　　　　　B.(10<=x)&&(x<=20)

C.(10<=x)|(x<=20) 　　　　　　　　D.(10<=x) || (x<=20)

(10)设 char c1='a',c2='A';则表达式 c2==c1-32? c2:(c1-32)的值为(　　　)。

A.0　　　　　　　　B.1　　　　　　　　C.'a'　　　　　　　D.'A'

2.填空题

(1)C语言中,逻辑值真用_____表示,假用_____表示。

(2)C语言中,当表达式的值为0时表示逻辑值假,当表达式值为_____表示逻辑值真。

(3)逻辑运算符优先级由高到低分别为_____。

(4)判断整型变量 x 能被 y 整除的逻辑表达式为_____。

(5)用 C 语言表达式表示关系 x>=y>=z 为_____。

(6)a 同时能被 x 和 y 整除的表达式为_____。

3.编程题

(1)键盘输入一个 3 位数,要求对 3 位数进行拆分,分别输出个、十、百位,每位数字间空一个空格。如键盘输入 123,则输出"1 2 3"。

(2)输入一个数,判断它是否是对等数。

对等数条件:一个 3 位数,其各位数字的和与各位数字的积等于该数本身,如 144 = (1+4+4) * (1 * 4 * 4)。

单元4 循环结构程序设计

▶ **知识目标**

1. 掌握循环结构的概念和程序设计中构成循环的方法;

2. 掌握 while 语句和 do…while 语句实现循环的方法;

3. 掌握 for 语句实现循环的方法;

4. 掌握用 break 语句与 continue 语句改变循环状态。

▶ **能力目标**

1. 具有应用循环结构解决实际问题的能力;

2. 具有应用循环语句进行程序设计的能力。

4.1 while 与 do…while 循环结构

【任务1】 编写程序计算 1+2+3+…+100。

【算法分析】

①定义变量 i 为被加数,定义变量 sum 用来存放累加值,sum 初始化值为 0,被加数 i 第一次取值为 1,开始进入循环结构。

②判断"i<=100"条件是否满足,由于 i 小于 100,因此"i<=100"的值为真,所以执行循环体内的语句 sum=sum+i,然后 i 的值增加 1 变成 2,为下一次加 2 作准备。

③再次检查"i<=100"条件是否满足,由于 i 的值为 2 小于 100,因此"i<=100"的值为真,仍然执行循环体内的语句 sum=sum+i 后 sum 的值变为 3。然后 i 的值增加 1 变成 3,为下一次加 3 作准备。

④再次检查"i<=100"条件是否满足……如此反复执行循环体内的操作,直到 i 的值变成 100,把 i 加到 sum 中,sum 中的值就是 1+2+3+…+100 的值,然后 i 又加 1 变成 101,"i<=100"的值为假,不再执行循环体内的操作,循环结构结束。

【代码】

```c
#include <stdio.h>
void main( )
{
    int i,sum=0;                      //定义循环变量 i 和存放累加值变量 sum
    i=1;
    while(i<=100)                     //使用循环语句
    {
        sum=sum+i;
        i++;
    }
    printf("%d\n",sum);
}
```

【知识点】

1.while 语句一般格式

while(表达式)

循环体

其中,表达式称为循环条件,循环体由一条或多条语句组成,可读作"当(循环)条件成立时,执行循环体"。

2.while 语句执行过程

①计算 while 后面的表达式,当表达式为非 0 值(代表逻辑值真)时,则转向②;否则退出该循环结构,去执行该结构的后继语句。

②执行循环体,循环体执行完毕重复进行①。

3.使用 while 语句注意事项

①while 语句中的表达式通常是逻辑表达式或关系表达式,但也可以是其他表达式,如赋值表达式等,甚至也可以是一个变量或是一个常量,只要表达式的值为真,即可继续循环;如下例中 while 表达式为算数表达式:

```
int    n=5;
while(n--)
            printf("%d",n);
```

②循环体可以由一条或多条语句组成,如果包含一个以上的语句,应该用花括号括起来,以复合语句形式出现。

③循环体中应有使循环趋于结束的语句。如任务一中循环结束的条件是"i>100",因此在循环体中应该有使 i 增值以最终导致 i>100 的语句,本例中用的是"i++;"语句来达到此目的,如果无此语句,则 i 的值始终不改变,循环永不结束。

【课堂训练】

1.使用 while 语句编程计算 10!,即 1*2*3*4*5*6*7*8*9*10。

2.使用 while 语句统计从键盘输入任意一行字符的个数。

【任务2】 利用 do   while 语句计算 $1+\dfrac{1}{2}+\dfrac{1}{3}+\dfrac{1}{4}+\cdots+\dfrac{1}{50}$。

【算法分析】

①定义整形变量 n 为被加数分数的分母,定义浮点型变量 sum 用来存放累加值,sum 初始化值为 1.0,被加分数 n 第一次取值为 2。

②首先执行循环体内的语句 sum=sum+1.0/n,然后 n 的值增加 1 变成 3,为下一次加 $\dfrac{1}{3}$ 作准备。

③判断"n<=50"条件是否满足,由于 n 小于 50,因此"n<=50"的值为真,仍然执行

循环体内的语句,直到循环变量 n 的取值为 50,sum 中存放的值为 $1+\frac{1}{2}+\frac{1}{3}+\frac{1}{4}+\cdots+$ $\frac{1}{50}$,然后 n 的值加 1 变成 51,判断"n<=50"条件为假,则循环结束。

④最后输出 sum 的值为计算结果。

【代码】

```
#include    <stdio.h>
void    main( )
{
    float    sum=1.0;
    int    n=2;
    do
    {
        sum=sum+1.0/n;
        n=n+1;
    }
    while( n<=50) ;
    printf( "%f\n" ,sum) ;
}
```

【知识点】

1.while 语句一般格式

do

{

　　　　循环体

}while （表达式）;

2.while 语句执行过程

①首先执行一次循环体,再计算 while 后面的表达式,当表达式为非 0 值(代表逻辑值真)时,重复执行循环体,直到表达式的值为逻辑假时,退出循环结构。

②do…while 循环至少要执行一次循环语句。

3.while 和 do…while 循环比较

while 和 do…while 结构都为当型循环结构,都是当条件成立时执行循环体,凡是能用 while 循环处理的问题,都能用 do…while 循环处理。

不同的是,while 为先判断,循环体执行次数大于或等于 0;而 do…while 为先执行再判断,循环体执行次数大于或等于1。

(1)while 循环

```
#include    <stdio.h>
void    main( )
{
    int    sum=0;
    int i;
    printf("请输入数字 i:");
    scanf("%d",&i);
    while(i<=10)
    {
        sum=sum+i;
        i++;
    }
    printf("sum=%d\n",sum);
}
```

运行情况如图 4.1 和图 4.2 所示。

图 4.1　while 语句输入值为 1 运行结果　　图 4.2　while 语句输入值为 11 运行结果

当键盘输入数字 i 的值为 1 时,sum 求和为 55,当键盘输入数字 i 的值为 11 时,sum 求和为 0,不执行循环体。

(2)do…while 循环

```
#include    <stdio.h>
void    main( )
{
    int    sum=0;
    int i;
    printf("请输入数字 i:");
    scanf ("%d",&i);
    do
    {
```

```
        sum = sum+i;
        i++;
    }while(i<=10);
    printf("sum=%d\n",sum);
}
```

运行结果如图4.3和图4.4所示。

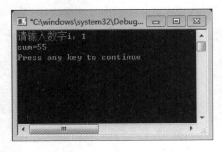
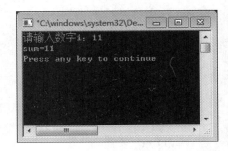

图4.3 do…while 语句输入值为1运行结果　　图4.4 do…while 语句输入值为11运行结果

当键盘输入数字 i 的值为1时,sum 求和为55,当键盘输入数字 i 的值为11时,sum 求和为11,执行一次循环体。可以看出,当输入 i 的值小于或等于10时,二者得到的结果相同,而当 i>10 时,二者的结果就不同了。这是因为此时对 while 循环来说一次都不执行循环体,而对 do…while 循环来说则要执行一次循环体。可以得到结论:当二者在具有相同的循环体的情况下,如果 while 后面表达式第一次的值为"真"时,两种循环得到的结果相同;否则,二者结果不相同。

【课堂训练】

1.请用 do…while 循环计算 1~100 之间所有奇数之和。

2.用 do…while 循环来实现统计从键盘输入任意一行字符的个数计算。

4.2　for 循环结构

【任务3】　编写程序,用 for 语句计算 n!,即 1×2×3×…×n。

【算法分析】

①定义变量 i 为循环变量,定义变量 p 用来存放阶乘值,p 初始化值为1,输入数字 n。

②对循环变量 i 赋初值,判断 i 是否小于或等于 n,如果值为真则执行 p=p*i,然后对变量 i 自增1,即把1到 n 逐个地乘到变量 p 中,一共执行 n 次循环,每次乘一个数 i,i 由1增加到 n。

③如果判断 i 小于或等于 n 的值为假,则循环结束,执行 for 语句下面的一条语句,输出 n 的阶乘值。

【代码】

```
#include <stdio.h>
void main( )
{
    int i,n,p=1;                        //定义循环变量 i 和存放阶乘值变量 p
    printf("请输入数字 n:");
    scanf("%d",&n);
    for(i=1;i<=n;i++)                   //使用循环语句
    {
            p=p*i;
    }
    printf("%d 的阶乘=%d\n",n,p);
}
```

【知识点】

1.for 语句一般格式

    for(表达式 1;表达式 2;表达式 3)循环体

或写成:

    for(表达式 1;表达式 2;表达式 3)
            {循环体;}

2.for 语句执行过程

①计算表达式 1。

②计算表达式 2,若其值为非 0(循环条件成立),则转到第③步执行循环体;若其值为 0(循环条件不成立),则转到第⑤步结束循环。

③执行循环体。

④计算表达式 3,然后转到第②步。

⑤结束循环,执行 for 循环结构的后继语句。

3.for 语句应用形式

①for 语句最简单的应用形式也就是最容易理解的应用形式,如下所述:

    For(循环变量赋初值;循环控制条件;循环变量增量);
            {循环体}

循环变量赋初值总是一个赋值语句,它用来给循环控制变量赋初值;循环控制条件是一个关系表达式,它决定什么时候退出循环;循环变量增量,定义循环控制变量每循环一次后按什么方式变化。这 3 个部分之间用分号隔开。

②for 语句的一般形式也可以改写为 while 循环的形式,二者等价。例如:

表达式 1;
while(表达式 2)
{
　　语句;
　　表达式 3;
}

4.for 语句使用注意事项

①for 循环中的"表达式 1(循环变量赋初值)""表达式 2(循环条件)"和"表达式 3(循环变量增量)"都是选择项,即可以缺省,但分号(;)不能缺省。省略了"表达式 1(循环变量赋初值)",表示不对循环控制变量赋初值。

②省略了"表达式 2(循环条件)",则不作其他处理时便成为死循环。例如:

for(i=1;; i++)　　sum=sum+i;

相当于:

i=1;
while(1){
　　sum=sum+i;
　　i++;
}

③省略了"表达式 3(循环变量增量)",则不对循环控制变量进行操作,这时可在语句体中加入修改循环控制变量的语句。例如:

for(i=1; i<=100;){
　　sum=sum+i;
　　i++;
}

④省略了"表达式 1(循环变量赋初值)"和"表达式 3(循环变量增量)"。例如:

for(;i<=100;){
　　sum=sum+i;
　　i++;
}

相当于:

while(i<=100){
　　sum=sum+i;
　　i++;
}

⑤3 个表达式都可以省略。例如：

　　for(; ;)　语句

相当于：

　　while(1)　语句

⑥表达式 1 可以是设置循环变量初值的赋值表达式,也可以是其他表达式。例如：

for(sum=0; i<=100; i++)　　sum=sum+i;

⑦表达式 2 一般是关系表达式或逻辑表达式,但也可以是数值表达式或字符表达式,只要其值非零,就执行循环体。例如：

for(i=0; (c=getchar())!='\n'; i+=c);

在表达式 2 中先从终端接收一个字符赋给 c,然后判断此赋值表达式的值是否不等于'\n'(换行符),如果不等于'\n',就执行循环体,它的作用是不断输入字符,将它们的 ASCII 码相加,直到输入一个"换行"符为止。

⑧C 语言中的 for 语句使用非常广泛,而且很灵活,技巧很多,可以把循环体和一些与循环控制无关的操作也作为表达式 1 或表达式 3,这样程序可以短小简单。所以本小节较全面具体地介绍了 for 语句的特点和用法,在以后遇到各种情况都能做到心中有数,应用自如。

【课堂训练】

1.输入不多于 10 个实数,求这些数的和及其中的正数之和,如输入不足 10 个数,以 0 为结束标志。

2.使用 for 语句实现统计输入的一行字符串中的字符个数。

【任务 4 】　请用程序实现打印出乘法九九表。

【算法分析】

①乘法九九表是一个 9 行 9 列的二维表,行和列都要变化,而且在变化中互相约束,定义变量 i 用来控制行,j 用来控制列。

②循环变量 i 赋初值为 1,循环变量 j 取值从 1 开始,判断条件 j 是否小于或等于 i,其值为真则执行循环体内语句,打印第一行第一列的数字"1 * 1=1",然后对变量 j 自增 1。

③继续判断条件 j 是否小于或等于 i,此时 j 的值为 2,"j<=i"值为假,则退出 j 循环,执行循环下一个语句,打印一个回车符,对变量 i 自增 1。

④接着判断条件 i 是否小于或等于 10,此时 i 的值为 2,"i<10"值为真,继续进入 j 循环,循环变量 j 取值从 1 开始。依次打印第 2 行第 1 列数字、第 2 行第 2 列的数字,打印以后退出 j 循环。依次类推,直到打印完第 9 行第 9 列,i 取值为 10 时则退出 i 循环,乘法九九表打印完毕。运行结果如图 4.5 所示。

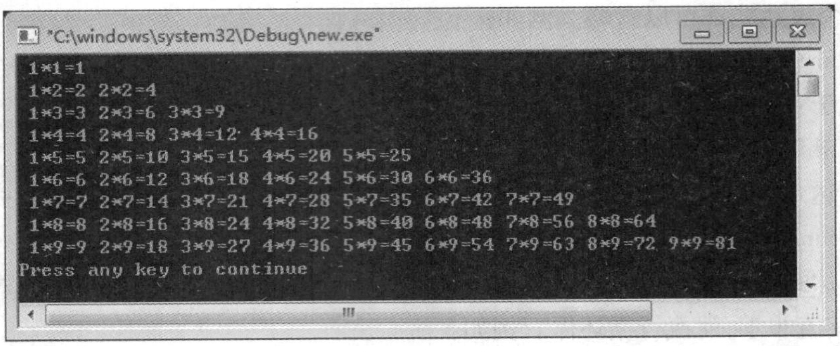

图 4.5 乘法九九表程序运行结果

【代码】

```
#include <stdio.h>
void main( )
{
    int i,j;
    for(i=1;i<10;i++)                              //使用变量i控制行数
    {
            for(j=1;j<=i;j++)                      //使用变量j控制行数
                printf("%2d * %d=%d",j,i,i*j);     //打印输出先输出列数数
                                                   字j,再输出行数数字i
            printf("\n");
    }
}
```

【知识点】

1.循环的嵌套

一个循环结构的循环体内又包含另一个完整的循环结构,称为循环的嵌套。把包含另一个循环结构的循环称为外循环,被包含的循环称为内循环。

2.循环嵌套的执行过程

外循环执行一次,内循环执行一遍。

3.循环嵌套的形式

3 种循环结构(while、do…while 和 for)可以互相嵌套,自由组合。外循环体中可以包含一个或多个循环结构,但必须完整包含,不能出现交叉现象,因此每一层循环体都应用一对花括号括起来。例如:

（1）　while（ ） ｛… 　　　　while（ ） 　　　　　｛…｝ ｝	（2）　do 　　　｛… 　　　do｛…｝ 　　　while（ ）； 　　｝while（ ）；	（3）　for（；；） 　　　｛ 　　　for（；；） 　　　｛…｝ 　　　｝
（4）　while（ ） ｛… 　　　do｛…｝ 　　　while（ ）； ｝	（5）　for（；；） 　　　｛ 　　　while（ ） 　　　　｛…｝ 　　　｝	（6）　do 　　　｛… 　　　for（；；） 　　　｛…｝ 　　　｝while（ ）；

【课堂训练】

1.请判断101~200有多少个素数,并输出所有素数。

2.使用编程打印输出正三角图案。

```
              *
           *  *  *
        *  *  *  *  *
     *  *  *  *  *  *  *
```

【任务5】　　输入一行字符,分别统计出其中英文字母、空格、数字的个数。

【算法分析】

①定义计数变量 nEng 统计英文个数,变量 nDig 统计数字个数,变量 nSp 统计空格个数,初值为零。因为统计是针对输入的,所以输入可以放在循环事件内。

②语句"while（1）"是永真循环,即无限循环,实际靠"break;"退出。"c=getchar（）"语句作用是每读入一个字符后对字符进行判断是否是字母、数字或空格,直到输入一个"换行"利用 break 语句就退出永真循环。

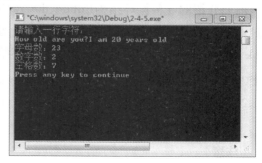

③输出最终统计计数值。

运行结果如图4.6所示。

图4.6　统计输入一行字符个数程序运行结果

【代码】

```
#include <stdio.h>
void main( )
{
    char c;
    int nEng=0,nDig=0,nSp=0;
        printf("请输入一行字符:\n");
    while (1)                               // 1 表示永远是真
    {
        c=getchar( );
        if (c=='\n')
        break;                              // break 语句退出循环
            if (c>='a'&&c<='z'||c>='A'&&c<='Z')//判断是否是英文字母
              nEng++;
            else if (c>='0'&&c<='9')           //判断是否是数字
                nDig++;
            else if (c==' ')                   //判断是否是空格
                nSp++;
    }
    printf("字母数:%d\n数字数:%d\n空格数:%d\n", nEng,nDig, nSp);
}
```

【知识点】

1.break 语句

前面介绍的3种循环结构(while、do…while 和 for)都是在执行循环体之前或之后通过对一个表达式的测试来决定是否终止对循环体的执行。在循环体中可以通过break 语句立即终止循环的执行,而转到循环结构的后续语句执行,break 语句不仅能跳出 switch 结构,也能跳出循环结构。

2.break 语句的一般形式

    break;

[注意]

①break 语句不能用于循环语句和switch 语句之外的任何其他语句中。

②在多层循环中,一个 break 语句只向外跳一层。

【**任务**6】　将键盘输入的字符在屏幕上原样输出,直到按回车键结束。

【算法分析】

①字符变量 c 用于存放屏幕输入的字符,每输入一个字符后对字符进行判断是否是 Esc 键,如果不是则输出该字符;从键盘向计算机输入时,是在按 Enter 键后才将一批数据一起送到内存缓冲区中去的。

②如果字符为 Esc 键,则结束本次循环重新进行输入字符。

运行结果如图 4.7 所示。

图 4.7　原样输出屏幕字符程序运行结果

【代码】

```
#include <stdio.h>
void main(void){
    char c;
    while(c!='/n')              //*不是回车符则进入循环*/
    {
        c=getchar();
        if(c==27)               //*若按 Esc 键不输出进行下次循环,ESC 键 ASCII
                                码值为 27*/
            continue;
        printf("%c", c);
    }
}
```

【知识点】

1.continue 语句

结束本次循环,即跳过循环体中下面尚未执行的语句,接着进行下一次是否执行循环的判定。

2.continue 语句的一般形式

```
continue;
```

[注意]

①continue 语句只能用于循环结构。

②continue 语句和 break 语句的区别是:continue 语句只结束本次循环,即不执行循环体中该语句的后继语句,而不是终止整个循环;break 语句是终止整个循环,跳出循环体,去执行该循环结构的后继语句,不再做循环条件的判断。

3.几种循环的比较

①3 种循环都可以用来处理同一问题,一般情况下它们可以互相代替。

②在 while 循环和 do…while 循环中,只在 while 后面的括号内指定循环条件,因此为了使循环能正常结束,应在循环体中包含使循环趋于结束的语句(如 i++,或 i=i+1)等,for 循环可以在表达式 3 中包含使循环趋于结束的操作,甚至可以将循环体中的操作全部放到表达式 3 中。因此 for 语句的功能更强,凡是用 while 循环能完成的,用 for 循环都能实现。

③用 while 循环和 do…while 循环时,循环变量初始化的操作应在 while 和 do…while 语句之前完成,而 for 语句可以在表达式 1 中实现循环变量的初始化。

④while 循环、do…while 循环和 for 循环,都可以用 break 语句跳出循环,用 continue 语句结束本次循环。

【课堂训练】

阅读程序,写出程序的执行结果。

程序代码:

```
#include <stdio.h>
void   main( )
{
    int a,b;
    for( a=1,b=1;a<=10;a++,b++)
    {
            if( b%3==1)
    {
                b=b+3;
                continue;
        }
```

```
        if(b>=10)
                    break;
    }
    printf("%d,%d\n",a,b);
}
```

习　题

1.选择题

(1)在 C 语言中,下列说明正确的是(　　)。

A.不能使用 do…while 构成的循环

B.do…while 构成的循环必须用 break 才能退出

C.do…while 构成的循环,当 while 中的表达式值为非零时结束循环

D.do…while 构成的循环,当 while 中的表达式值为零时结束循环

(2)以下叙述中,正确的是(　　)。

A.do…while 语句构成的循环不能用其他语句构成的循环来代替

B.do…while 语句构成的循环只能用 break 语句退出

C.用 do…while 语句构成的循环,在 while 后的表达式为非零时结束循环

D.用 do…while 语句构成的循环,在 while 后的表达式为零时结束循环

(3)若 i,j 已定义为 int 类型,则以下程序段中内循环体的总的执行次数是(　　)。

for (i=5;i;i--)

for (j=0;j<4;j++){…}

A.20 次　　　　　　　　B.25 次　　　　　　　　C.24 次　　　　　　　　D.30 次

(4)设 i,j,k 均为 int 型变量,则执行完下面的 for 循环后,k 的值为(　　)。

for(i=0,j=10;i<=j;i++,j--) k=i+j;

A.12　　　　　　　　B.10　　　　　　　　C.11　　　　　　　　D.9

(5)当执行以下程序段时,(　　)。

    x=-1;

    do { x=x*x;} while(!x);

A.循环体将执行一次　　　　　　　　　　　B.循环体将执行两次

C.循环体将执行无限次　　　　　　　　　　D.系统将提示有语法错误

(6)执行语句:for(i=1;i++<4;);后变量 i 的值是(　　)。

A.3　　　　　　　　B.4　　　　　　　　C.5　　　　　　　　D.不确定

(7)若输入字符串:abcde<回车>,则以下 while 循环体将执行(   )次。

    while((ch=getchar())=='e') printf("＊");

A.5   B.4   C.6   D.1

(8)t 为 int 型,进入下面的循环之前,t 的值为 0

    while (t=1) {……}

则以下叙述中正确的是(   )。

A.循环控制表达式的值为 0   B.循环控制表达式的值为 1

C.循环控制表达式不合法   D.以上说法都不对

(9)有以下程序段:

int k=0;

while (k=1) k++;

while 循环执行的次数是(   )。

A.无限次   B.有语法错,不能执行

C.一次也不执行   D.执行一次

(10)C 语言用(   )表示逻辑"真"值。

A.true   B.t 或 y   C.1   D.0

(11)语句 while(!e);中的条件 !e 等价于(   )。

A.e==0   B.e!=1   C.e!=0   D.~e

(12)以下 for 循环是(   )。

for(x=0,y=0;(y!=123) && (x<4);x++)

A.无限循环   B.循环次数不定

C.执行 4 次   D.执行 3 次

(13)对于 for(表达式 1;;表达式 3)可理解为(   )。

A.for(表达式 1;0;表达式 3)

B.for(表达式 1;1;表达式 3)

C.for(表达式 1;表达式 1;表达式 3)

D.for(表达式 1;表达式 3;表达式 3)

(14)C 语言中 while 和 do…while 循环的主要区别是(   )。

A.do…while 的循环体至少无条件执行一次

B.while 的循环控制条件比 do…while 的循环控制条件严格

C.do…while 允许从外部转到循环体内

D.do…while 的循环体不能是复合语句

(15)下面关于 for 循环的描述中,正确的是(   )。

A.for 循环只能用于循环次数已经确定的情况

B.for 循环的循环体可以是一个复合语句

C.在 for 循环中,不能用 break 语句跳出循环体

D.for 循环的循环体不能是一个空语句

(16)若 i 为整型变量,则以下循环语句的循环次数是( )。

for(i=2;i==0;)

printf("%d",i--);

A.无限次   B.0 次   C.1 次   D.2 次

(17)以下叙述中,正确的是( )。

A.continue 语句的作用是结束整个循环的执行

B.只能在循环体内和 switch 语句体内使用 break 语句

C.在循环体内使用 break 语句或 continue 语句的作用相同

D.从多层循环嵌套中退出时,只能使用 goto 语句

(18)对下面程序段,描述正确的是( )。

```
for(t=1;t<=100;t++)
{
    scanf("%d",&x);
    if (x<0) continue;
    printf("%d\n",t);
}
```

A.当 x<0 时,整个循环结束   B.当 x>=0 时,什么也不输出

C.printf 函数永远也不执行   D.最多允许输出 100 个非负整数

(19)下面程序段叙述中,正确的是( )。

```
    int k=0;
    while (k=0) k=k-1;
```

A.while 循环执行 10 次   B.无限循环

C.循环体一次也不被执行   D.循环体被执行一次

(20)若 i,j 已定义成 int 型,则以下程序段中内循环体的总执行次数是( )。

```
    for(i=3;i;i--)
    for (j=0;j<2;j++)
        for (k=0;k<=2;k++)
            {……}
```

A.18   B.27   C.36   D.30

2.填空题

(1)以下程序的运行结果是_____。

#include <stdio.h>

main( )

```
{
    int s=0,k;
    for (k=7;k>=0;k--)
    {
        switch(k)
        {
            case 1:
            case 4:
            case 7: s++; break;
            case 2:
            case 3:
            case 6: break;
            case 0:
            case 5: s+=2; break;
        }
    }
    printf("%d",s);
}
```

（2）以下程序的运行结果是_____。

```
#include <stdio.h>
main( )
{
    int y=10;
    do {y--;}
    while (--y);
    printf("%d\n",y--);
}
```

（3）以下程序的运行结果是_____。

```
#include <stdio.h>
main( )
{
    int x=10,y=10,i;
    for(i=0;x>8;y=++i)
    printf("%d %d ",x--,y);
}
```

（4）以下程序的功能是：从键盘上输入若干个学生的成绩，统计并输出最高成绩和最低成绩,当输入负数时结束输入,请填空。

```c
#include <stdio.h>
main( )
{
    float x,amax,amin;
    scanf("%f",&x);
    amax=x;
    amin=x;
    while (_____)
    {
        if (x>amax) amax=x;
        if (_____) amin=x;
        scanf("%f",&x);
    }
    printf("\namax=%f\namin=%f\n",amax,amin);
}
```

（5）下面程序是计算 n 个数的平均值,请填空。

```c
#include <stdio.h>
main( )
{
    int i,n;
    floatx,avg=0.0;
    scanf("%d",&n);
    for(i=0;i<n;i++)
    {
        scanf("%f",&x);
        avg=avg+_____; }
        avg=_____;
    printf("avg=%f\n",avg);
}
```

3.程序分析题

（1）下面程序的运行结果是:

```c
#include <stdio.h>
main( )
{
    int   i=1,s=3;
```

```
    do
    {
        s+=i++;
        if ( s%7==0 )
            continue;
        else
            ++i;
    } while ( s<15 ) ;
    printf( "%d\n",i ) ;
}
```

（2）下面程序的运行结果是：

```
#include <stdio.h>
main( )
{
    int i,j;
    for ( i=4;i>=1;i-- )
    {
        printf( " * " ) ;
        for ( j=1;j<=4-i;j++ )
            printf( " * " ) ;
        printf( " \n " ) ;
    }
}
```

（3）下面程序的运行结果是：

```
#include <stdio.h>
main( )
{
    int i;
    for( i=1;i<=5;i++ )
        if( i%2 )
        printf( " * " ) ;
    else    continue;
        printf( "#" ) ;
    printf( "$\n" ) ;
}
```

（4）下面程序的运行结果是：

```c
#include <stdio.h>
main( )
{
    int i=10,j=0;
    do
    { j=j+1;   i--;   }
    while(i>2);
    printf("%d\n",j);
}
```

（5）下面程序的运行结果是：

```c
#include <stdio.h>
main( )
{
    int i,j,k;
    for (i=1;i<=6;i++)
    {
        for (j=1;j<=20-2*i;j++)
            printf(" ");
        for (k=1;k<=i;k++)
            printf("%d",i);
        printf("/n");
    }
}
```

4.编程题

（1）编写一个程序，求 $1-\dfrac{1}{2}+\dfrac{1}{3}-\dfrac{1}{4}+\cdots+\dfrac{1}{99}-\dfrac{1}{100}$ 的值。

（2）编写一个程序，求 $s=1+(1+2)+(1+2+3)+\cdots+(1+2+3+\cdots+n)$ 的值。

（3）编写一个程序，用户输入一个正整数，把它的各位数字前后颠倒一下，并输出颠倒后的结果。

（4）编写一个程序，求出 200~300 的数，且满足条件：它们 3 个数字之积为 42,3 个数字之和为 12。

（5）编写一个程序，求出满足下列条件的 4 位数：该数是个完全平方数，且第一、三位数字之和为 10,第二、四位数字之积为 12。

（6）编写一个程序，求 e 的值。

$$e \approx 1 + \frac{1}{1!} + \frac{1}{2!} + \cdots + \frac{1}{n!}$$

（7）编写一个程序，求满足如下条件的最大的 n：
$1^2 + 2^2 + 3^2 + \cdots + n^2 \leqslant 1\ 000$。

（8）某人摘下一些桃子，卖掉一半，又吃了一个；第二天卖掉剩下的一半，又吃了一个。第三天、第四天、第五天都如此，第六天一看，发现只剩下一个桃子了。编写一个程序，采用迭代法求某人一共摘了多少个桃子。

（9）输出 1~999 中能被 5 整除，且百位数字是 5 的所有整数。

（10）设 N 是一个 4 位数，它的 9 倍恰好是其反序数（例如：1234 的反序数是 4321），求 N 的值。

（11）有这样一个 3 位数，该 3 位数等于其每位数字的阶乘之和，即 $abc = a! + b! + c!$。（例如：145 = 1! + 4! + 5!）

（12）编写程序求出满足下列条件的 4 位数：该数是个完全平方数；千位、十位数字之和为 10，百位、个位数字之积为 12。

（13）已知 $abc + cba = 1\ 333$，其中 a、b、c 均为一位数，编写一个程序求出 a、b、c 分别代表什么数字。

（14）100 匹马驮 100 担货，大马一匹驮 3 担，中马一匹驮 2 担，小马两匹驮 1 担。试编写程序计算大、中、小马的数目。

（15）求 1~100 的每位数的乘积大于每位数的和的数。

单元5 数　组

▶ 知识目标

1.掌握数组的定义、初始化及引用方法；

2.掌握一维数组、二维数组的使用,理解几种常用的排序方法；

3.掌握字符数组、字符串的概念及使用方法,掌握几种常用字符函数的用法。

▶ 能力目标

1.具有应用数组解决实际问题的能力；

2.具有设计测试数据进行程序测试的能力。

5.1　一维数组

从键盘输入 10 个整数,再输出该 10 个整数。

【算法分析】

①定义一维整数组 a[10]。
②使用循环语句依次输入 10 个整数,存入数组。
③使用循环语句依次输出数组的 10 个元素。

【代码】

```c
#include    <stdio.h>
void main( )
{
    int   i,a[10];                          //定义循环变量 i 和整数数组 a
    printf("请输入 10 个整数:\n");
    for(i=0;i<10;i++)                       //使用循环语句依次输入 10 个整数,存
                                            入数组
         scanf("%d",&a[i]);
    printf("请输入 10 个整数:\n");
    for(i=0;i<10;i++)                       //使用循环语句依次输出数组的 10 个
                                            元素
         printf("%5d",a[i]);
}
```

【知识点】

1.一维数组的定义

一般将同一种数据类型的一个集合定义成数组,以便对整个集合的数据进行处理。
一维数组的定义方式为:
　　　　类型说明符 数组名[常量表达式];
例如:int   a[10];它表示数组名为 a,此数组有 10 个元素,分别是 a[0], a[1],
a[2], a[3], a[4], a[5], a[6], a[7], a[8], a[9]。
　　[注意]
①数组名必须是合法标识符。

②在 C 语言中,数组元素下标从 0 开始,int　a[10];所定义的数组 a 中并不存在数组元素 a[10]。

③常量表达式可以包括常量和符号常量,不能包含变量。下列定义是错误的:

```
int   n;
n=3;
int   a[n];
```

2.一维数组元素的表示

在 C 语言中,定义的数组 a[n]中,共有 n 个元素,分别用 a[0], a[1], …, a[n-1] 表示,即下标范围为 0~n-1。

3.一维数组元素的输入输出

在 C 语言中,一维数组元素的输入输出一般只能对每个元素依次执行,为了方便操作,一般使用一重循环语句配合使用。例如:

```
int a[20],i;
for(i=0;i<20;i++)
sacnf("%d",&a[i]);
```

【课堂训练】

1.定义数组,从键盘输入 10 个实数,并按输入相反次序输出该 10 个实数。

2.定义数组,输入 10 个整数,输出其平均值。

【任务2】　将 3,12,56,120,43,18,12,9,51,100 这 10 个整数存入数组,再从第 1 个数开始,两两进行交换(12,3,120,56,18,43,9,12,100,51),再输出该数组所有元素。

【算法分析】

①定义一维整数组 a[10]并初始化。

②从数组第 1 个元素开始,两两进行交换(temp=a[i];a[i]=a[i+1];a[i+1]=temp;)。

③使用循环语句依次输出数组的 10 个元素。

【代码】

```
#include "stdio.h"
main()
{
    int a[]={3,12,56,120,43,18,12,9,51,100},i,temp;
    printf("数组 a 为:\n");
```

```
for(i =0;i<10;i++)
{
        printf("%5d",a[i]);
}
for(i=0;i<10;i=i+2)
{
        temp=a[i];
        a[i]=a[i+1];
        a[i+1]=temp;
}
printf("\n 数组 a 元素两两交换后为:\n");
for(i=0;i<10;i++)
{
        printf("%5d",a[i]);
}
}
```

【知识点】

1.一维数组的初始化

一维数组的初始化就是在定义一维数组的同时给数组赋初值。一维数组的初始化有下述几种方式:

①在定义数组时对数组元素全部赋值。例如:

int a[10]={1,2,3,4,5,6,7,8,9,10};

②只给数组元素部分元素赋值。例如:

int a[10]={1,2,3,4,5};

③给数组元素所有元素赋初值时,可以省略数组长度。例如:

int a[ ]={1,2,3,4,5,6,7,8,9,10};

[注意] 整体给数组赋值只能在定义数组时使用,数组初始化时必须从第一个元素开始依次初始化,以下都是错误赋值语句:

int a[10];a[10]={1,2,3,4,5,6,7,8,9,10};

int a[10]={1,2,,3,4};

2.一维数组的存储

在 C 语言中定义数组时,在内存中按照所定义的数组类型及元素个数分配一段连续的存储空间给数组,如 int a[10],在内存中分配 4*10 个字节的空间给数组 a,因为一个整型数据占 4 个字节,共 10 个元素,所以分配 4*10 个字节空间。数组名 a 表示连续分配的内存单元的首地址,一维数组内存分配如图 5.1 所示。

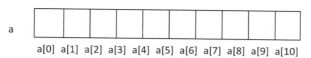

图 5.1　一维数组内存分配

【课堂训练】

1.把{2,3,4,5,6,7,8,9} 9 个整数赋值给数组 a[15]的后 9 个元素,其他元素值为 0;再输出该数组。

2.把上述数组每个元素整体向前移一位,最后一位补 0。

【任务3】　把 43,20,56,12,8,18,32 存入数组,再按从小到大进行排序后输出。

方法 1:比较法排序

【算法分析】

①定义一维整数组 a[7]并初始化。

②对 7 个数进行排序,需要进行 6 轮操作。

第 1 轮操作:假设第 1 个元素为 7 个数中最小数,依次与后 6 个数比较,如果后 6 个数中还有比第 1 个元素小的数,就两两交换,以此类推,本轮结束,第 1 个元素为 7 个数中最小数。

第 2 轮操作:假设第 2 个元素是剩下 6 个数中最小数,对该数与后 5 个数比较,如果还有比该数小的数就交换,该轮结束,第 2 个元素为 7 个数中次小的数。

……

第 6 轮操作:假设第 6 个元数是 7 个数中大小排在第 6 的数,对该数与最后 1 个元素比较,如果该数比最后 1 个元素还要大,两者交换,本轮结束,7 个元素按从小到大进行排列。

第 1 轮操作:　43,20,56,12,8,18,32　　（第 1 个元素比第 2 个元素大,两者交换）

20,43,56,12,8,18,32

20,43,56,12,8,18,32　　（第 1 个元素比第 4 个元素大,两者交换）

12,43,56,20,8,18,32　　（第 1 个元素比第 5 个元素大,两者交换）

8,43,56,20,12,18,32

$$8,43,56,20,12,18,32$$

第 1 轮结束,第 1 个元素为 7 个数中最小数

第 2 轮操作: 8,43,56,20,12,18,32

8,43,56,20,12,18,32　　　(第 2 个元素比第 4 个元素大,两者交换)

8,20,56,43,12,18,32　　　(第 2 个元素比第 5 个元素大,两者交换)

8,12,56,43,20,18,32

8,12,56,43,20,18,32

第 2 轮结束,第 2 个元素为 7 个数中次小数

第 3 轮操作结束: 8,12,18,56,43,20,32

第 4 轮操作结束: 8,12,18,20,56,43,32

第 5 轮操作结束: 8,12,18,20,32,56,43

第 6 轮操作结束: 8,12,18,20,32,43,56

③输出数组元素。

【代码】

```
#include "stdio.h"
main( )
{
    int i,j,temp,a[ ]={43,20,56,12,8,18,32};
    printf("数组 a 为:\n");
    for(i=0;i<7;i++)
        printf("%4d",a[i]);
    for(i=0;i<6;i++)
        for(j=i+1;j<7;j++)
            if(a[i]>a[j])
            {temp=a[i];a[i]=a[j];a[j]=temp;}
    printf("数组 a 排序后为:\n");
```

```
        for( i = 0 ; i < 7 ; i++ )
            printf( "%4d" , a[ i ] ) ;
}
```

方法 2:选择法排序

【算法分析】

在方法 1 的基础上进行改进:主要是在每轮比较过程中,用 min 标记最小数的位置,一轮结束后如果 min 所指示位置与该轮第 1 个比较元素位置不相同,才对二者进行交换。

第 1 轮操作:43,20,56,12,8,18,32 （第 2 个元素比 min 小,min 指向第 2 个元素）

（min）

43,20,56,12,8,18,32

（min）

43,20,56,12,8,18,32 （第 4 个元素比 min 小,min 指向第 4 个元素）

（min）

43,20,56,12,8,18,32 （第 5 个元素比 min 小,min 指向第 5 个元素）

（min）

43,20,56,12,8,18,32

（min）

43,20,56,12,8,18,32

（min）

第 1 轮比较结束,min 所指的下标为 4,与第 1 轮第 1 个元素下标 0 不相等,两者交换。

8,20,56,12,43,18,32

第 2 轮操作:

8,20,56,12,43,18,32

（min）

8,20,56,12,43,18,32 （第 4 个元素比 min 小,min 指向第 4 个元素）

（min）

$$8,20,56,12,43,18,32$$

（min）

$$8,20,56,12,43,18,32$$

（min）

$$8,20,56,12,43,18,32$$

（min）

第 2 轮结束,min 所指的下标为 3,与第 2 轮第 1 个元素下标 1 不相等,两者交换。

$$8,12,56,20,43,18,32$$

第 3 轮操作结束:8,12,18,20,43,56,32

第 4 轮操作结束:8,12,18,20,43,56,32

第 5 轮操作结束:8,12,18,20,32,56,43

第 6 轮操作结束:8,12,18,20,32,43,56

【代码】

```c
#include "stdio.h"
main()
{
    int i,j,temp,min,a[] = {43,20,56,12,8,18,32};
    printf("数组 a 为:\n");
    for(i = 0;i<7;i++)
        printf("%4d",a[i]);
    for(i=0;i<6;i++)
    {
        min=i;
        for(j =i+1;j<7;j++)
            if(a[min]>a[j])
                    min=j;
        if(min!=i)
            {temp=a[i];a[i]=a[min];a[min]=temp;}
    }
    printf("\n 数组 a 排序后为:\n");
    for(i=0;i<7;i++)
        printf("%4d",a[i]);
```

}

方法3：冒泡法排序

【算法分析】

①定义一维整数组 a[7] 并初始化。

②利用冒泡法对 7 个数进行升序排列：从下标为 0 的数开始两两比较，如果比某个数大，则进行交换，也就是将最大的数放到数组的最后一个位置。以此类推，数组中的数就是从小到大的顺序。7 个数共进行 6 轮操作。

第一轮操作：

43,20,56,12,8,18,32　　（第 1、2 个元素比较，把大的放到后面，两者交换）

20,43,56,12,8,18,32

20,43,56,12,8,18,32　　（第 3、4 个元素比较，把大的放到后面，两者交换）

20,43,12,56,8,18,32　　（第 4、5 个元素比较，把大的放到后面，两者交换）

20,43,12,8,56,18,32　　（第 5、6 个元素比较，把大的放到后面，两者交换）

20,43,12,8,18,56,32　　（第 6、7 个元素比较，把大的放到后面，两者交换）

20,43,12,8,18,32,56　　（第一轮操作结束，7 个数中最大数放在最后 1 个元素中）

第二轮操作：（从第 1 个数到第 6 个数两两进行比较）

20,43,12,8,18,32,56

20,43,12,8,18,32,56　　（第 2、3 个元素比较，把大的放到后面，两者交换）

20,12,43,8,18,32,56　　（第 3、4 个元素比较，把大的放到后面，两者交换）

20,12,8,43,18,32,56　　（第 4、5 个元素比较，把大的放到后面，两者交换）

20,12,8,18,43,32,56　　（第 5、6 个元素比较，把大的放到后面，两者交换）

20,12,8,18,32,43,56　　（第二轮操作结束，次大的数放在倒数第 2 个元素中）

第三轮操作结束：

12,8,18,20,32,43,56

第四轮操作结束：

8,12,18,20,32,43,56

③输出数组元素。

【代码】

```
#include "stdio.h"
main( )
{
    int i,j,temp,a[ ]={43,20,56,12,8,18,32};
    printf("数组 a 为:\n");
    for(i=0;i<7;i++)
            printf("%4d",a[i]);
    for(i=0;i<6;i++)
    {
            for(j=0;j<6-i;j++)
                if(a[j]>a[j+1])
                                {temp=a[j];a[j]=a[j+1];a[j+1]=temp;}
    }
     printf("\n数组 a 排序后为:\n");
    for(i=0;i<7;i++)
            printf("%4d",a[i]);
}
```

【知识点】

排序

将杂乱无章的数据元素通过一定的方法按关键字顺序排列的过程称为排序。排序方法有很多,冒泡法排序相对于选择法排序来说,比较和交换的次数较多,效率较低。

(1)冒泡法排序

冒泡法排序是将相邻的两个元素进行比较,若是升序,则将大的后移,若是降序,则将小的后移。每轮都会找到一个最大值或最小值的数并移到后面,若 n 个数排序,则找出 n-1 个最大值或最小值并移到指定位置,即可实现升序或降序排列。

(2)选择法排序

选择法排序是在每一轮找到一个最大值或最小值的数,先设定一个最大值或最小值,然后把剩下的元素依次与最大值或最小值相比,若它比最大值还大或比最小值还小,则它就是最大值或最小值,再把最大值或最小值放在指定的位置,同样对 n 个数只要找出 n-1 个最大值或最小值并移到指定位置,即可完成排序。

【课堂训练】

1.输入 8 个学生成绩,对该成绩按冒泡法进行升序排序。

2.对{4,84,45,65,21,10,96}7 个数按选择法进行降序排序。

5.2 二维数组

【任务 4】 把下列矩阵的值存放在二维数组中并输出。

$$
\begin{array}{cccc}
1 & 2 & 3 & 4 \\
0 & 0 & 5 & 0 \\
6 & 7 & 0 & 0
\end{array}
$$

【算法分析】

①定义二维整数组 a[3][4]。

②使用循环语句依次输入矩阵各个值存入数组,或利用初始化对二维数组进行赋值。

③使用二重循环语句依次输出数组的 12 个元素。

【代码】

方法 1:依次输入二维数组的各个元素

```c
#include "stdio.h"
main( )
{
    int i,j,a[3][4];
    printf("请依次输入矩阵的各个值:\n");
    for (i=0;i<3;i++)
        for(j=0;j<4;j++)
            scanf("%d",&a[i][j]);
    printf("矩阵为:\n");
    for(i=0;i<3;i++)
    {
        for(j=0;j<4;j++)
            printf("%d ",a[i][j]);
        printf("\n");
    }
}
```

方法 2:利用初始化对数组赋值

```
#include "stdio.h"
main( )
{
    int i,j,a[3][4]={1,2,3,4,0,0,5,0,6,7,0,0};
    printf("矩阵为:\n");
    for(i=0;i<3;i++)
    {
        for(j=0;j<4;j++)
            printf("%d ",a[i][j]);
        printf("\n");
    }
}
```

【知识点】

1.二维数组的定义

二维数组定义的一般形式为:

    类型说明符   数组名[常量表达式][常量表达式];

例如:int a[3][4],b[5][10];

[**注意**]

①二维数组可以看成是定义为 $n×m$(n 行 m 列)的数组,采用这样的定义方式,可进一步把二维数组看作是一种特殊的一维数组。例如"int a[3][4],"是一个一维数组,它有 3 个元素:a[0]、a[1]、a[2],每个元素又是一个包含 4 个元素的一维数组。

②二维数组行标和列标都是从 0 开始,整个二维数组元素个数是行标和列标乘积。如 int a[3][4],元素共有 3×4＝12 个,分别是:a[0][0],a[0][1],a[0][2],a[0][3];a[1][0],a[1][1],a[1][2],a[1][3]; a[2][0],a[2][1],a[2][2],a[2][3];要注意的是数组 a 中是没有 a[3][4]这个元素的。

③在 C 语言中,二维数组中元素排列的顺序是:按行存放,即在内存中先顺序存放第一行的元素,再存放第二行的元素。

2.二维数组的引用

二维数组元素的表示形式为:

        数组名[下标][下标]

数组元素可以出现在表达式中,也可以被赋值。例如:

int a[3][4],b[5][10];

a[[2][3]=2;

b[4][5]=a[2][3]*2;

[**注意**]　二维数组元素引用时,一般都是使用双重循环对每个元素进行引用。

3.二维数组的初始化

可以用以下方法对二维数组进行初始化:

①分行给二维数组赋初值。例如:

int a[3][4]={{1,2,3,4},{0,0,5,0},{6,7,0,0}};

第1个花括弧内的数据赋给第1行的元素,第2个花括弧内的数据赋给第2行的元素……即按行赋初值。

②按数组排列的顺序赋初值。例如:

int a[3][4]={1,2,3,4,0,0,5,0,6,7,0,0};

③对部分元素赋初值。例如:

int a[3][4]={{1,2,3,4},{0,0,5},{6,7}};

未赋值的元素值自动为0。

④如果对全部元素都赋初值(即提供全部初始数据),则定义数组时对第一维的长度可以不指定,但第二维的长度不能省。例如:

int a[ ][4]={1,2,3,4,0,0,5,0,6,7,0,0};

【课堂训练】

1.定义二维数组存放下列矩阵数值,输出数组各元素。

$$\begin{matrix} 12 & 6 & 7 & 0 \\ 0 & 25 & 9 & 81 \\ 3 & 41 & 0 & 0 \end{matrix}$$

2.将1~1 000之间能被3与7整除的数的前20个存入数组a[4][5]中,并输出。

【任务5】　将下列矩阵 *a* 转置(行和列元素互换)存放到数组 *b* 中。

$$a=\begin{bmatrix} 1 & 2 & 3 \\ 4 & 5 & 6 \end{bmatrix} \qquad b=\begin{bmatrix} 1 & 4 \\ 2 & 5 \\ 3 & 6 \end{bmatrix}$$

【算法分析】

①定义二维数组 a[2][3] 和 b[3][2],并对数组 a 进行初始化。

②利用二重循环,把 a 数组元素存入数组 b 中,即 b[i][j]=a[j][i]。

③输出数组 b。

【代码】

```
#include "stdio.h"
main( )
{
    int i,j,a[2][3]={1,2,3,4,5,6},b[3][2];
    printf("数组 a 为:\n");
    for (i=0;i<2;i++)
    {
        for(j=0;j<3;j++)
            {
                b[j][i]=a[i][j];
                printf("%3d",a[i][j]);}
            printf("\n");
        }
        printf("数组 a 转置到 b 后为:\n");
        for(i=0;i<3;i++)
    {
        for(j=0;j<2;j++)
                printf("%3d",b[i][j]);
                printf("\n");
    }
    }
}
```

【课堂训练】

1.有一个 3×4 的矩阵,要求编程求出其中最大元素的值,并指出其所在的行号和列号。

2.已知一个 5×4 矩阵,求对角线元素之和。

5.3 字符数组

【任务6】　用数组存放并输出字符串"I'm learning C language!"。

【算法分析】

①定义字符数组 c[24]并对数组进行初始化。

②利用循环语句依次输出数组各元素。

【代码】

```
#include "stdio.h"
main( )
{
        char c[24]={'I','\'','m',' ','l','e','a','r','n','i','n','g',' ','C',' ',
        'l','a','n','g','u','a','g','e','!'};
        int i;
        for(i=0;i<24;i++)
        printf("%c",c[i]);
}
```

【知识点】

1.字符数组的定义

字符数组的定义与一维数组定义方法相同。例如：

char c[12];

c[0]='H';c[1]='o';c[2]='w';c[3]=' ';c[4]='a';c[5]='r';c[6]='e';
c[7]=' ';c[8]='y';c[9]='o';c[10]='u';c[11]='?';

定义的字符数组,包含12个元素,赋值后数组的状态如图5.2所示。

C[0]	C[1]	C[2]	C[3]	C[4]	C[5]	C[6]	C[7]	C[8]	C[9]	C[10]	C[11]
H	o	w	␣	a	r	e	␣	y	o	u	!

图 5.2 字符数组存储

2.字符数组的初始化

（1）对字符数组元素逐个赋值

char c[12]={'H','o','w',' ','a','r','e',' ','y','o','u','!'};

如果花括弧中提供的初值个数大于数组长度,则按语法错误处理;如果初值个数小于数组长度,则自动将这些字符赋给数组中前面的那些元素,其余的元素自动定义为空字符(即'\0')。例如：

char c[10]={'C',' ','p','r','o','g','r','o','g','r','a','m'};

数组状态如图5.3所示。

C[0]	C[1]	C[2]	C[3]	C[4]	C[5]	C[6]	C[7]	C[8]	C[9]
C	␣	p	r	o	g	r	a	m	\0

图 5.3 字符数组初始化

（2）当初值个数与预定数组长度相同,可以省略数组长度

例如:

char c[ ] = {'H','o','w',' ','a','r','e',' ','y','o','u','! '};

数组 c 的长度自动定为 12。

（3）二维字符数组的初始化

例如:

char c[ ][ ] = {{' ',' ','*','*','*'},{' ','*',' ','*',' '},{'*','*','*'}};

输出如图 5.4 所示图形。

```
        *   *   *
        *       *
        *   *   *
```

图 5.4　矩形星号

3.字符数组的引用

可以通过引用字符数组中的一个元素,得到一个字符。

【课堂训练】

利用字符数组输出如图 5.4 所示图形。

【任务 7】　从键盘中输入字符串"I ' m learning C language!"存放到字符数组中,并输出该字符串。

【算法分析】

①定义字符数组 c[24]。

②输入字符串到数组。

③输出字符串。

【代码】

方法 1:逐个输入输出字符串

```
#include "stdio.h"
main( )
{
        char c[24];
        int i;
        printf("请依次输入字符串的各个字符:\n");
        for(i=0;i<24;i++)
```

```
        scanf("%c",&c[i]);
    printf("字符串为:\n");
    for(i=0;i<24;i++)
        printf("%c",c[i]);
}
```

方法 2:采用格式字符串%s 输入输出字符串

```
#include "stdio.h"
main( )
{
        char str1[4],str2[9],str3[2],str4[10];
        printf("请输入字符串:\n");
        scanf("%s%s%s%s",str1,str2,str3,str4);
        printf("字符串为:\n");
        printf("%s %s %s %s",str1,str2,str3,str4);
}
```

方法 3:采用字符串处理函数输入输出字符串

```
#include "stdio.h"
#include "string.h"
main( )
{
        char str[25];
        printf("请输入字符串:\n");
        gets(str);
        printf("字符串为:\n");
        puts(str);
}
```

【知识点】

1.字符串和字符串结束标志

（1）字符串的有效长度

在 C 语言中,将字符串作为字符数组来处理。如任务六中就是用一个一维字符数组存放一个字符串"I'm learning C language!"。这个字符串的实际长度与数组长度相等。

在实际中,人们大多时候关心的是有效字符串的长度而不是字符数组的长度。如定义一个字符数组长度为 100,而实际有效字符只有 50 个。为了测定字符串的实际长度,C 语言规定用"字符串结束标志"('\0')来表示字符串的结束。

（2）字符串结束标志'\0 '

'\0 '代表 ASCII 码为 0 的字符,该字符不是一个可以显示的字符,而是一个"空操作符",用它来作为字符串的结束标志,不会产生附加操作或增加有效字符,其只是作为一个供辨别的标志。

C 语言在内存中存放字符串时,系统自动在最后一个字符后面加一个'\0 '作为字符串结束标志。

（3）利用字符串常量初始化字符数组

利用字符串常量初始化字符数组可以采取以下方法。例如:

char c[ ] = {"I'm learning C language!"} ; 或

char c[ ] = "I'm learning C language!" ;

[**注意**]　数组 C 的长度不是 24,而是 25,因为在字符串后加了"'\0 '"。上面初始化与下面初始化等价:

char c[ ] = {'I','\'','m',' ','l','e','a','r','n','i','n','g',' ','C',' ','l','a','n','g','u','a','g','e','! ','\0'} ;

2.字符数组的输入输出

字符数组的输入输出可以有 3 种方法:

①逐个字符输入输出。用格式"%c"输入或输出一个字符,如任务 7 方法 1。

②将整个字符串一次输入或输出,用"%s"格式符。例如:

　　char　c[ ] = "Language" ;

　　printf("%s",c) ;

[**注意**]

a.输出字符不包括结束符"'\0 '"。

b.用"%s"格式输出时,printf 函数中的输出项是字符数组名,而不是数组元素名。

c.即使字符数组长度大于实际字符串长度,输出遇到"'\0 '"结束。例如:

　　char　c[50] = "Language" ;

　　printf("%s",c) ;

　　也只输出"Language"8 个字符,而不是 50 个字符。

d.如果一个字符数组中包含一个以上"'\0 '",遇到第一个"'\0 '"时输出就结束。例如:

　　char c[ ] = {'I','\'','m','\0','l','e','a','r','n','i','n','g','\0','C','\0','l','a','n','g','u','a','g','e','! ','\0'} ;

　　printf("%s",c) ;

输出遇到第一个"'\0 '"结束,即输出"I'm"。

e.使用 scanf 函数输入字符,如果采用格式符"%s"时,遇到空格时,自动判定字符串结束。例如:

　　char c[13] ;

```
scanf("%s",c);
```

如果输入 12 个字符：How are you?

实际上只是将空格前的字符 How 送到 str 中，由于把"How"作为一个字符串处理，因此在其后加"\0'"，如图 5.5 所示。

C[0]	C[1]	C[2]	C[3]	C[4]	C[5]	C[6]	C[7]	C[8]	C[9]	C[10]	C[11]	C[12]
H	o	w	\0	\0	\0	\0	\0	\0	\0	\0	\0	\0

图 5.5　字符数组的输入输出

③采用字符串处理函数输入输出字符串

a.puts 函数输出字符串。

格式：puts(字符数组)

作用：将一个字符串(以'\0'结束的字符序列)输出到终端。例如：

```
char str[ ] = "I'm learning C language!";
puts(str);
```

结果输出："I'm learning C language!"

b.gets 函数输入字符串。

格式：gets(字符数组)；

作用：从终端输入一个字符串到字符数组。例如：

```
char str[100];
gets(str);
```

如果输入"I'm learning C language!"，则将字符串"I'm learning C language!"送给数组 str。注意该数组是 25 个字符(包括结束符'\0')。

[注意]　这两个函数每次只能对一个字符串操作，以下写法都是错误的：

```
gets(str1,str2); puts(str1,str2);
```

【课堂训练】

1.用 3 种方法输入并输出字符串"I am a Chinese."。

2.输入 5 个学生的家庭通信地址并输出。

【任务8】　字符串"I'm learning"和字符串" C language!"分别存放在两个数组中，现将两字符串连接在一起，并输出该字符串。

【算法分析】

①定义字符数组 str1,str2,str3,并对 str1,str2 初始化。

②把 str1 内容复制到数组 str3 中。

③把 str2 内容复制到数组 str3 数组存放的字符串后面。

④输出字符串。

【代码】

方法 1:不使用字符串函数

```c
#include "stdio.h"
main()
{
    char c,str1[]="I'm learning",str2[]=" C language!",str3[25];
    int i=0,j=0;
    while((c=str1[i])!='\0')
    {
        str3[i]=str1[i];
        i++;
    }
    while((c=str2[j])!='\0')
    {
        str3[i]=str2[j];
        i++;
        j++;
    }
    str3[++i]='\0';
    printf("\n 两个字符串合并后为:\n");
    printf("%s",str3);
}
```

方法 2:使用字符串函数

```c
#include "stdio.h"
#include "string.h"
main()
{
    char str1[25]="I'm learning",str2[]=" C language!";
    strcat(str1,str2);
    printf("\n 两个字符串合并后为:\n");
    printf("%s",str1);
}
```

【知识点】

1.头文件" string.h"

C 语言函数库中提供一些字符串处理函数给用户使用,用户在需要调用这些与字符串处理有关的库函数时,必须在源程序文件中包含"string.h"头文件。

2.字符串处理函数

(1)strcat(字符数组 1,字符数组 2)

功能:连接两个字符数组中的字符串,把字符串 2 接到字符串 1 的后面,结果放在字符串数组 1 中。函数调用后得到一个函数值:字符数组 1 的地址。例如:

char　str1[13]="How are",str[2]=' you! ';

strcat(str1,str2);

printf("%s",str1);

调用 strcat(str1,str2)前,字符数组 str1 内存存放内容为:

c[0]	C[1]	C[2]	C[3]	C[4]	C[5]	C[6]	C[7]	C[8]	C[9]	C[10]	C[11]	C[12]
H	o	w	␣	a	r	e	\0	\0	\0	\0	\0	\0

调用 strcat(str1,str2)前,字符数组 str2 内存存放内容为:

c[0]	C[1]	C[2]	C[3]	C[4]	C[5]
␣	y	o	u	!	\0

调用 strcat(str1,str2)后,字符数组 str1 内存存放内容为:

c[0]	C[1]	C[2]	C[3]	C[4]	C[5]	C[6]	C[7]	C[8]	C[9]	C[10]	C[11]	C[12]
H	o	w	␣	a	r	e	␣	y	o	u	!	\0

调用 printf("%s",str1);后,输出的结果是:

　　How are you!

[说明]

①字符数组 1 必须足够大,以便容纳连接后的新字符串。

②连接前两个字符串的后面都有一个'\0 ',连接时将字符串 1 后面的'\0 '取消,只在新串最后面保留一个'\0 '。

(2)strcpy(字符数组 1,字符串 2)

功能:将字符串 2 复制到字符串 1 中去。例如:

char str1[10],str2[ ]="abcde";

strcpy(str1,str2);

printf("%s",str1);

输出结果为:

abcde

[说明]

①字符数组 1 长度应足够大,以便容纳被复制的字符串;字符数组 1 的长度要大于字符串 2 的长度。

②函数的第 2 个参数可以是一个字符数组名,也可以是一个字符串常量。例如:

strcpy(str1 ,"abcde");

③如果只想将字符串 2 的一部分字符复制到字符数组 1 中,可在 strcpy( )函数中增加一个参数,格式为:

strcpy(字符数组 1,字符串 2,长度 m)

例如:

char str1[10] ,str2[ ] = " abcde" ;

strcpy(str1 ,str2 ,2);

printf("%s" ,str1);

输出结果为:ab

(3)strcmp(字符串 1,字符串 2)

功能:比较字符串 1 和字符串 2。

字符串的比较规则是:将两个字符串从左向右逐个字符比较(按照 ASCII 码值),直到出现不相等的字符或遇到字符"'\0 '"为止。如果所有的字符都相等,则两个字符串相等。如果出现不相等的字符,以第 1 个不相等的字符比较结果为准。

比较的结果由函数值带回:

①如果字符串 1=字符串 2,函数值为 0。

②如果字符串 1>字符串 2,函数值为一正整数。

③如果字符串 1<字符串 2,函数值为一负整数。例如:

strcmp("abcd" ,"ABCD");   //将返回一个正整数,因为' a '的值大于' A '的值

strcmp("ab5d" ,"abcd");   //将返回一个负整数,因为' 5 '的值小于' c '的值

strcmpy("chain" ,"chain");   //函数将返回 0 值

(4)strlen(字符数组)

功能:返回字符串的实际长度,不包括'\0 '在内。例如:

char str[ ] = " How are you!" ;

printf("%d" ,strlen(str));

输出结果为:12

(5)strlwr(字符串)

功能:将字符串中大写字母换换成写字母。

(6)strupr(字符串)

功能:将字符串中小写字母换成大写字母。

【课堂训练】

1.用2种方法把字符串"I am a Chinese."复制到数组 str 中。

2.已知两个字符串"I am a Chinese"和"diligent and brave"，把第2个字符串插到第1个字符串第7个字符之后,插入后字符串为"I am a diligent and brave Chinese"。

【拓展知识】

1.使用符号常量作为数组下标

在数组定义时,必须确定数组的下标,也就是说数组下标必须是常量。例如:

int n = 10;

int a[10];　　//正确

int a[n];　　//错误

如果在一个程序中要多处定义数组,这些数组大小相同,为了便于修改和避免出错,可以使用符号常量。

例 5.1　已知一个班部分学生成绩及个人信息如下,请用数组存放信息,并输出计算机成绩在 80 分以上同学的学号、姓名、家庭住址及手机号(见表 5.1、表 5.2)。

表 5.1　学生成绩表

学　号	姓　名	性　别	英　语	高等数学	计算机	大学语文	思想品德	总　分
201403001	胡开	男	70	86	91	85	87	419
201403002	许祥林	男	98	76	84	70	71	399
201403003	刘龙	男	56	75	97	95	88	411
201403004	陈丹	女	92	81	96	85	81	435
201403005	张小妹	女	70	86	73	80	97	406
201403006	杜山	男	76	86	56	93	77	388
201403007	杨忠	男	74	79	76	72	93	394
201403008	闫花	女	90	86	90	97	83	446
201403009	窦海涛	男	98	72	79	91	81	421
201403010	赵一敏	女	75	77	71	92	90	405

表 5.2　学生信息表

学　号	姓　名	性　别	宿舍号	家庭住址	家长电话	个人电话
201403001	胡开	男	8#-315	湖北省宜昌市宜兴大道 13 号花苑 7-3-101	13006665623	13006386521
201403002	许祥林	男	8#-315	安徽省滁州市琅琊区民安小区 B 区 22 号 202	13505001851	13971698745
201403003	刘龙	男	8#-316	湖北省安陆市车湾镇长池村 2-6 号	13667245448	13227296452
201403004	陈丹	女	10#-214	上海市虹口区（县）新港街道大连路 126 号	15926410012	18696196589
201403005	张小妹	女	10#-214	安徽省桐城市双港镇花坪镇五抱树村 1 组	15807196555	13129963452
201403006	杜山	男	8#-316	湖南省房县白鹤乡长龙村 3 组	15071466658	13647200124
201403007	杨忠	男	8#-316	黑龙江省河西区索河镇官桥村 3 号	13971533265	18368368556
201403008	闫花	女	10#-215	武汉市新洲区广安路 72 号 1024 室	18674175895	15572333210
201403009	窦海涛	男	8#-315	江苏省闫城市闫家河镇南正街 9 号	18972855565	13667266451
201403010	赵一敏	女	10#-215	北京市海淀区民主街 46 号	15807856458	13554547478

【算法分析】

①分别定义 13 个数组,并对数组进行初始化,保存学生所有信息。

②利用循环,将计算机成绩在 80 分以上学生的相关信息输出。

【代码】

```
#include "stdio.h"
#define N 10        //定义符号常量
main()
{
        char    stuid[N][10]={"201403001"," 201403002"," 201403003",
"201403004", " 201403005", " 201403006", " 201403007"," 201403008",
"201403009","201403010"};
        char   name[N][8]={"胡开","许祥林","刘龙","陈丹","张小妹","杜
山","杨忠","闫花","窦海涛","赵一敏"},sex[N][3]={"男","男","男","女",
"女","男","男","女","男","女"};
```

int　english[N]={70,98,56,92,70,76,74,90,98,75}, math[N]={86,76, 75,81,86,86,79,86,72,77}, compute[N]={91,84,97,96,73,56,76,90,79,71};

int　chinese[N]={85,70,95,85,80,93,72,97,91,92}, poli[N]={87,71, 88,81,97,77,93,83,81,90}, score[N]={419,399,411,435,406,388,394,446,421, 405};

char dorm[N][10]={"8#-315","8#-315","8#-316","10#-214", "10#-214","8#-316","8#-316","10#-215","8#-315","10#-215"};

char address[N][50]={"湖北省宜昌市宜兴大道13号花苑7-3-101","安徽省滁州市琅琊区民安小区B区22号202","湖北省安陆市车湾镇长池村2-6号","上海市虹口区(县)新港街道大连路126号","安徽省桐城市双港镇花坪镇五抱树村1组","湖南省房县白鹤乡长龙村3组","黑龙江省河西区索河镇官桥村3号","武汉市新洲区广安路72号1024室","江苏省闫城市闫家河镇南正街9号","北京市海淀区民主街46号"};

char par_num[N][12]={"13006665623","13505001851", "13667245448","15926410012","15807196555","15071466658","13971533265", "18674175895","18972855565","15807856458"}, stu_num[N][12]= {"13006386521","13971698745","13227296452","18696196589","13129963452", "13647200124","18368368556","15572333210","13667266451","13554547478"};

int i,j;
printf("\n学生成绩表为:\n");
printf("\n　学号　姓名　性别 英语 高等数学 计算机 大学语文 思想品德 总分\n");
for(i=0;i<N;i++)
　printf("%s　%-6s　%s　%d　%6d　%6d　%6d　%6d　%5d\n", stuid[i], name[i], sex[i],english[i],math[i],compute[i],chinese[i],poli[i],score[i]);

printf("\n学生信息表为:\n");
printf("\n　学号　姓名　性别　宿舍号　家庭住址　家长电话 个人电话\n");
for(i=0;i<N;i++)
　printf("%s　%-6s　%s　%s　%-40s　%s　%s\n",stuid[i], name[i],sex[i], dorm[i], address[i], par_num[i],stu_num[i]);

printf("\n学生计算机成绩在80分以上同学的学号、姓名、计算机成绩,家庭住址及手机号为:\n");
printf("\n　学号　姓名 计算机成绩　家庭住址　个人电话\n");
for(i=0;i<N;i++)

```
                    if( compute[ i ]>=80)
        printf( "%s    %-6s    %6d    %-40s    %s\n", stuid[ i ], name[ i ], compute[ i ],
address[ i ], stu_num[ i ] );
     }
```

输出结果如图5.6所示。

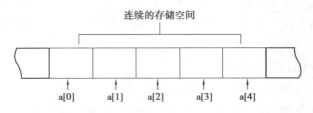

图5.6　程序运行结果

2.静态数组与动态数组

本章所定义的数组都是静态数组,所谓静态数组就是数组在定义时长度就已经确定,在定义时,C语言系统就在内存中按所定义的数组类型大小及元素个数分配一段连续的存储空间给数组。例如:

int a[5];

内存中分配空间如图5.7所示。

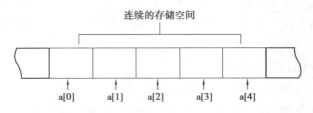

图5.7　内存分配空间示意图

其中数组名 a 是数组的地址。

动态数组是数组长度不确定的数组,数组可以根据程序需要即时分配空间给数组。动态数组是指在声明时没有确定数组大小的数组,即忽略方括号中的下标;当要用它时,可随时用 malloc 语句重新指出数组的大小。使用动态数组的优点是可以根据用户需要,有效利用存储空间。

习　题

1.选择题

(1)下面(　　)是不正确的字符串赋值或赋初值的方式。

A.char　　str[7]={"string"};

B.char　　str[7]={'s','t','r','I','n','g'};

C.char　　str1[10];str1="string";

D.char　　str[]="string",str2[]="12345678";

(2)数组元素的大小为 n,其下标从 0 开始到(　　)。

A.0　　　　　　　　B.1　　　　　　　　C.n　　　　　　　　D.n-1

(3)已知 int　a[]={1,2,3,4,5,6,7,8};则 a[3]=(　　)。

A.2　　　　　　　　B.3　　　　　　　　C.4　　　　　　　　D.5

(4)int a[10],下列正确表示数组元素地址的是(　　)。

A.&a[0]　　　　　　B.a[0]　　　　　　C.a[5]　　　　　　D.&a[10]

(5)已知 char a[20],b[20];则以下正确的输入语句是(　　)。

A.gets(a,b);　　　　　　　　　　B.scanf("%s%s",a,b);

C.scanf("%s%s",&a,&b);　　　　　D.gets("a"),gets("b"0)

(6)已知字符数组 a[80]和 b[80],则正确的输出语句是(　　)。

A.puts(a,b);　　　　　　　　　　B.printf("%s,%s",a[ ],b[ ]);

C.putchar(a,b);　　　　　　　　　D.puts(a);puts(b);

(7)下列程序的运行结果是(　　)。

char c[6]={'a','b','\0','c','\o','d'};

pintf("%s",c);

A.'a"b'　　　　　　B.ab　　　　　　C.abc　　　　　　D.以上都不对

(8)下列对 C 语言字符数组描述中,不正确的是(　　)。

A.字符数组的下标从 1 开始

B.字符数组可以存放字符串

C.字符数组中的字符串可以进行整体输入/输出

D.不可以在赋值语句中通过赋值运行符"="对字符数组整体赋值

(9)以下正确的语句是(　　):

A.int a[1][4]={1,2,3,4,5};

B.float b[3][]={{1},{2},{3}};

C.int b[2][3]={{1},{1,2},{1,2,3}};

D.double y[ ][3]={0};

(10)若二维数组 a 有 m 列,则在 a[i][j]之前的元素个数为( )。

A.j*m+I   B.i*m+j   C.i*m+j-1   D.i*m+j+1

(11)已知 int a[3][4];则对数组元素引用正确的是( )。

A.a[2][4]   B.a[1,3]   C.a[1+1][0]   D.a(2)(1)

(12)若有说明"int a[ ][3]={1,2,3,4,5,6,7};",则数组 a 第一维的大小是( )。

A.2   B.3   C.4   D.无法确定

(13)下面的程序中有错误的行是( )。

```
1    #include "stdio.h"
2    main()
3    {
4        float   m[5]={0.0};
5        int   i;
6        for(i=0;i<5;i++)
7            scanf("%f",&m[i]);
8        for(i=1;i<5;i++)
9            m[0]=m[0]+m[i];
10   printf("%f\n",m[0]);
11   }
```

A.4   B.9   C.10   D.都没有错误

(14)对于下列程序段,当输入"welcome"时,程序的输出结果是( )。

char m[20];

char n[30]="You are";

gets(m);

strcat(n,m);

puts(n);

A.welcome You are   B.welcome are You

C.You are welcome   D.welcome

(15)使用字符串处理函数时,应该包含的头文件是( )。

A.stdio.h   B.math.h   C.string.h   D.不用包含头文件

(16)设 char str[10]={"chainese"};则语句 printf("%d\n",strlen(str));的输出结果是( )。

A.7   B.8   C.9   D.10

(17)若有声明 char   s1[5],s2[7];要给 s1 和 s2 赋值,下列语句正确的是( )。

A.scanf("%s%s",&s1,&s2);   B.gets(s1,s2);

C.scanf("%s%s",s1,s2);   D.s1-getchar();s2=getchar();

（18）下列程序执行后的输出结果是(　　　)。

```c
#include "stdio.h"
main( )
{
    char str[10];
    strcpy(str,"jsjxy");
    strcpy(str,"jlnu");
    printf("%s\n",str);
}
```

A.jsjxy   B.jlnu   C.jlnuy   D.jlnujsjxy

（19）设有如下定义：

```c
char str[ ] = "Beijing";
```

则执行下列语句后的输出结果为(　　　)。

```c
printf("%d\n",strlen(strcpy(str,"Hello")));
```

A.7   B.5   C.8   D.9

（20）以下程序运行结果为(　　　)。

```c
#include "stdio.h"
main( )
{
    int I,a[3][3]={1,2,3,4,5,6,7,8,9};
    for(i=0;i<3;i++)
            printf("%2d",a[i][2-i]);
}
```

A.1 5 9   B.1 4 7   C.3 5 7   D.3 6 9

2.填空题

（1）定义 m 是一个有 10 个整数元素的数组：＿＿＿＿＿＿＿＿。

（2）定义元素值分别为 2.3,-1.5,6.13,5.0 的实型元素数组 s：＿＿＿＿＿＿＿＿。

（3）定义一个 4 行 5 列的二维数组 g：＿＿＿＿＿＿＿。

（4）下面程序的功能是输入 20 个数存放在某个数组中,并输出其中最大值和最小值,20 个数的和及平均值,请填空。

```c
#include   "stdio.h"
main( )
{
    int   ＿＿＿＿＿＿＿＿;
    int   max=0,min=0,average=0,sum=0;
    for (i=0;i<＿＿＿＿;i++)
```

```
{
    printf("请输入第%d 个数:",i+1);
    scanf("%d",_____);
}
max=array[0];
min=array[0];
for(i=0;i<=_____;i++)
{
    if(max<array[i])
        _____;
    if(min>array[i])
        _____;
    sum=_____;
}
average=_____;
printf("20 个数中最大值是:%d,",max);
printf("最小值是:%d,",min);
printf("和是:%d,",sum);
printf("平均值是:%d.\n",average);
}
```

3.程序分析题

（1）写出下列程序的运行结果。

```
#include "stdio.h"
main()
{
    float    array[4][3]={{3.4,-5.6,56.7},{56.8,999,-0.0123}, {0.45,-5.77,
    123.5},{ 43.4,0, 111.2}};
    int i,j,m,n;
    float min;
    min=array[0][0];
    m=0;n=0;
    for(i=0;i<4;i++)
    for(j=0;j<3;j++)
    if(min>array[i][j])
    {
            min=array[i][j];
```

```
        m = i;n = j;
        }
        printf("min = %f,m = %d,n = %d"\n",min,m,n);
    }
```

（2）简述下列程序的功能。

```
#include  "stdio.h"
main( )
{
    char    s[100] = {"out teacher teach c language!"};
    int i,j;
    for (i=j=0;s[i]!='\0';i++)
        if(s[i]!=' ')
        {
            s[j]=s[i];
            j++;
        }
        s[j]='\0';
    printf("%s\n",s);
}
```

4.编程题

（1）输出 100 以内的素数,每行输出 5 个。

（2）用选择法对 10 个整数进行排序。

（3）输入一串字符,判断该字符是否是回文(回文就是字符串正反序相同)。

（4）输入一串字符,把排在奇数位的字符组成一个新字符串并输出。

（5）编程实现求两个 4×5 矩阵的和。

（6）设计一个程序统计某个班(以 10 个学生为例)3 门课的考试成绩,要求能输入考生人数,并按编号从小到大的顺序依次输入考生的成绩,再统计出全班各门课程的总分、平均分及每个考生的总分和平均分。

（7）输入一串字符,把其中非英文字母依次去掉,并把小写字母都改为相对应的大写字母。

单元6 函 数

▶ **知识目标**

1.掌握函数的定义、函数的调用方法；

2.掌握无参函数、有参函数的使用；

3.掌握函数的嵌套调用、递归调用及数组作为函数参数。

▶ **能力目标**

1.懂得为什么要使用函数,使用函数的优点是什么；

2.具有应用函数进行模块化程序设计的能力。

6.1 函数的定义及调用

【任务 1】 使用函数调用的方式输出 5 行 10 列的星号。

【算法分析】

①定义一个名为 printstar 的无参函数且函数无返回值。
②在 main 函数中调用 printstar 函数。

方法 1：主函数在前

【代码】

```
#include "stdio.h"
void printstar( );        //函数声明语句
main( )
{
    for( int i=1;i<=5;i++)
    {
        printstar( );                    //调用无参函数 printstar
    }
}
void printstar( )                //定义无参函数 printstar,函数无返回值
{
    printf(" ********** \n");
}
```

方法 2：主函数在后

【代码】

```
#include "stdio.h"
void printstar( )            //定义无参函数 printstar,函数无返回值
{
    printf(" ********** \n");
}
```

```
                          //不论 main 函数出现在什么位置,程序总是从 main 函数
                            开始执行
main( )
{
    for( int i = 1;i < = 5;i++)
    {
        printstar( );        //调用无参函数 printstar
    }
}
```

【任务2】 使用有参函数计算长方形的面积。

【算法分析】

①定义一个名为 area 的有参函数,该函数的功能是计算长方形的面积,并将计算结果通过 return 语句返回。

②在 main 函数中调用 area 函数,将实参传递给形参,并接收函数的返回值,将最终结果打印输出。

【代码】

```
#include "stdio.h"
float area( float x,float y)        //定义有参函数 area,函数返回值为 float 类型
{
    float z;
    z = x * y;
    return z;                      //将计算结果通过 return 语句带回
}
main( )
{
    float x,y,s;
    printf( "请输入长方形的长和宽:");
    scanf( "%f,%f",&x,&y);
    s = area( x,y);                //调用有参函数 area,将实参传递给形参,并接收函
                                    数的返回值
    printf( "长方形的面积是:%.2f\n",s);
}
```

【知识点】

1.函数概述

在解决复杂问题时,可以将大问题分解成若干个简单的小问题,以降低解决问题的复杂度。在 C 语言中就利用函数来完成各个小问题的功能。

函数从用户使用的角度来看,有两种类型:

(1)标准函数

标准函数即库函数。由系统提供的已设计好的函数,用户可直接调用,主要包括:数学函数、输入输出函数等。

(2)用户自定义函数

用户自定义函数是指由用户根据具体问题而自己定义的函数。从函数的形式上来看,又可分为无参函数和有参函数。

2.函数的定义

函数定义的一般形式为:

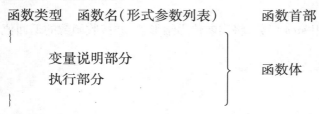

[说明]

①函数类型说明是用来说明该函数返回值的类型,如果没有返回值,则其类型说明符为"void",即空类型。

②函数名必须是一个合法的标识符,与变量的命名规则相同,且不能与其他函数或变量重名。

③形式参数是各种类型的变量,形式参数可有可无。如果有,各参数之间用逗号间隔,如果无,则此函数为无参函数。

④函数体包括两部分,变量说明部分通常用来定义在函数体中使用的变量、数组等,执行部分是函数功能的实现,通常由可执行语句构成。

⑤当函数需要返回一个确定的值时,须通过"return 表达式;"语句来实现,其中表达式就是函数的返回值。

3.函数的声明

同变量一样,函数的调用也遵循"先声明,后使用"的原则。

①调用库函数时,一般需要在程序的开头用"#include"命令,例如:#include "string.h"。

②调用用户自己定义的函数,而且该函数与主调函数在同一个程序中,一般应该在

主调函数中对被调用的函数作声明。

函数声明的一般形式有两种,例如:

int max(int x,int y);

int max(int,int);

[注意]　被调函数定义在主调函数之前时,对被调函数的声明可以省去(如任务一中的方法二)。被调函数的返回值类型是整型或字符型时,对被调函数的声明可以省去。

4.函数的调用

定义一个函数是为了使用,因此只有在程序中调用该函数时才能执行它的功能。

函数调用的一般形式:

函数名(实际参数列表);

[说明]　如果为无参函数,则无实际参数列表,但括弧不能省略。

5.形式参数和实际参数

形式参数简称形参,形参是函数定义时函数名后括号中的变量。实际参数简称实参,实参是指调用函数时函数名后括号中的常量、变量或表达式。实参将值一一对应传递给形参,即所谓的单向值传递(当然也可以按地址传递,在本章"任务五"中将详细介绍)。

6.函数的返回值

函数调用之后的结果称为函数的返回值,通过 return 语句来实现的。

函数的返回语句格式为:

return　表达式;

[说明]

①函数的返回值只能有一个。

②当函数定义时的类型与返回值中的表达式的类型不一致时,系统将函数返回语句中的表达式类型转换为函数定义时的类型。

【课堂训练】

1.使用函数调用的方式输出以下图形。

****

欢迎来到 C 的世界!

****

2.计算定义一个函数 max,求两个整数的较大值。

6.2 函数的嵌套调用及递归调用

【**任务**3】 求 Cmn=m! /(n! (m-n)!)。要求用函数的嵌套方式完成(其中 m>=n)。

【算法分析】

假设有 3 人参加,C 负责计算 jc(k),B 向 C 要 jc(k),然后计算 Cmn;A 负责输入 m、n 2 个数,然后直接问 B 要 Cmn 的结果。这个程序就是 A 要调用 B,而 B 要调用 C,所以就称其为函数的嵌套。

【代码】

```c
#include "stdio.h"
/ * c 的程序为: * /
int jc(int k)
{
    int i;
    int t=1;
    for(i=1;i<=k;i++)
    t=t*i;
    return t;
}
/ * B 的程序为: * /
int cmn(int m,int n)
{
    int z;
    z=jc(m)/(jc(n)*jc(m-n));
    return z;
}
/ * A 的程序为: * /
main()
{
    int m,n,c;
    printf("请输入 m,n 的值:");
    scanf("%d,%d",&m,&n);
    c=cmn(m,n);
```

```
    printf("Cmn 的值为%d\n",c);
}
```

【任务4】 猜年龄。5个小朋友排着队做游戏,第1个小朋友3岁,其余小朋友的年龄一个比一个大2岁,问第5个小朋友的年龄是多大?

【算法分析】

要知道第5个小朋友的年龄,则一定要知道第4个小朋友的年龄;要知道第4个小朋友的年龄,则一定要知道第3个小朋友的年龄;要知道第3个小朋友的年龄,则一定要知道第2个小朋友的年龄;要知道第2个小朋友的年龄,则一定要知道第1个小朋友的年龄;而第1个小朋友的年龄是已知的,即3岁,这样倒推就能知道第5个小朋友的年龄。若用 age(n)表示第 n 个小朋友的年龄,则有公式:

$$age = \begin{cases} 3 & (n = 1) \\ age(n-1) + 2 & (n > 1) \end{cases}$$

【代码】

```
#include "stdio.h"
int age( int   n )
{
    int c;
    if( n == 1 ) {
        c = 3;
    } else {
        c = age(n-1)+2;
    }
    return c;
}
main( )
{
    printf("第5个小朋友的年龄为%d\n",age(5));
}
```

【知识点】

1.函数的嵌套调用

嵌套调用的定义:在调用一个函数的过程中,可以再调用一个函数。

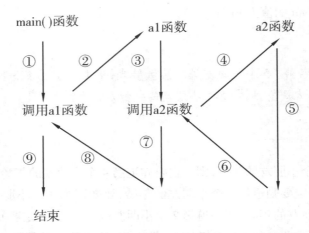

执行 main 函数中调用 a1 函数时,即转去执行 a1 函数;在 a1 函数中调用 a2 函数时,又去执行 a2 函数;a2 函数执行完毕返回 a1 函数断点继续执行;a1 函数执行完毕返回 main 函数的断点继续执行,直至程序执行结束。

2.函数的递归调用

函数的递归调用就是在调用一个函数的过程中,又出现直接或间接地调用该函数本身。C 语言的特点之一就在于允许函数的递归调用。

递归调用的特点:执行"未知→未知→…→递归边界条件已知→已知→已知"的过程。

用递归方法解题的条件:

①所求解的问题能转化为用同一方法解决的子问题。

②子问题的规模比原问题的规模小。

③必须要有递归结束条件,停止递归,否则形成无穷递归,系统无法实现。

【课堂训练】

1.用递归求 $n!$。

2.用递归求 $1+2+3+\cdots+n$ 的和。

6.3　数组作为函数参数

【任务 5】　有两个学生 A、B,他们合力完成下面一个问题:求 20 个学生的平均成绩。他们的分工是这样的:B 完成 20 个数的平均值,不负责数据的输入;A 完成 20 个数的输入,然后向 B 要 20 个数的平均值后输出。

【算法分析】

　　B 所做的是求平均值的 average( ) 函数:已经有 20 个数了,放在数组 a[20]中,现在只要将这 20 个数相加后除以 20,然后将结果交给 A 就行了。A 所做的是主函数 main( ):输入 20 个数,并将其放在数组中,调用 B 所做的函数,将输入的 20 个数传递给 B,然后接过 B 的结果,并将其输出。

【代码】

```
#include "stdio.h"
/* B 所完成的程序 */
float average(int b[20])        //b[20]表示从 A 中拿到的 20 个数
{
    int i,s;
    float avg;
    s=0;
    for(i=0;i<20;i++)
    s=s+b[i];                   //将 20 个数相加
    avg=s/20.0;
    return avg;                 //结果交给对方
}
/* A 所完成的程序 */
main()
{
    int i,a[20];                //定义 20 个数,将存放 20 个数据
    float avg;
    printf("请输入 20 个同学的成绩:\n");
    for(i=0;i<20;i++)
    scanf("%d",&a[i]);          //输入 20 个数据
    avg=average(a);
    /* 调用 average( )函数,将数组 a 首地址传给 average,并接过 average 的结果,
    将其放在 avg 中 */
    printf("这些同学的平均分为%.1f\n",avg);
}
```

【知识点】　数组作为函数的参数

　　使用数组名作为函数参数时,实参与形参都应使用数组名(或指针变量,见单元

七)。当数组名作为函数实参时,不是将数组的值传递给形参,而是将实参数组的起始地址传递给形参数组,实参和形参的地址是相同的,即当形参的值发生变化时,实参的值也发生了变化。

[注意]

①数组名作为函数参数,应该在主调函数和被调函数中分别定义数组,如上面程序中的 b 是形参数组,a 是实参数组,分别在其所在的函数中定义。

②实参数组与形参数组类型应当相同,如果不同,将会出错,如上面程序中的形参数组 b 是整型,实参数组 a 也是整型。

③实参数组与形参数组大小可以不同也可以相同,C 编译器对形参数组大小不作检查,只是将实参数组的首地址传递给形参数组。如将上面程序中的"float average(int b[20])"改为"float average(int b[10])",并不影响程序的正常运行,最后的结果也是相同的,甚至可以写成"float average(int b[ ])",即只要 b 是数组即可。

④形参数组也可不指定大小,或者在被调函数中另设一个参数来传递数组的大小。如"任务 5"中 B 所完成的程序可改为:

```c
float average( int b[ ],int n)
{
    int i,s;
    float avg;
    s=0;
    for (i=0;i<n;i++)
    s=s+b[i];
    avg=(float)s/n;
    return avg;
}
```

⑤形参数组与实参数组是占用同一个地址,所以是地址传递,即当形参的值发生变化时,实参的值也会跟着变化。

【课堂训练】

输入 10 个学生的成绩,要求用函数进行排序(降序)。即由 2 个学生 A,B 合力完成下面一个问题:将 10 个学生的成绩排序(降序)。他们的分工是这样的:A 是完成主函数的编写:也就是完成 10 个数的输入,调用 B 编写的函数 sort( ),就得到排序完的 10 个数,然后进行输出。B 所编写的函数 sort( )的功能是完成 10 个数的排序,不负责数据的输入。

【拓展知识】　局部变量和全局变量

（1）局部变量

在函数和复合语句内定义的变量,称为内部变量或局部变量。局部变量只在本函数或复合语句的范围内有效(从定义点开始到函数或复合语句结束)。在此函数或复合语句以外是不能使用这些变量的。

［说明］

①主函数中定义的变量也只在主函数中有效,主函数也不能使用其他函数中定义的变量。

②不同函数中可以使用相同名字的变量,它们代表不同的对象,互不干扰。

③形式参数也是局部变量。在函数中可以使用本函数定义的形参,在函数外不能引用它。

④在一个函数内部,可以在复合语句中定义变量,这些变量只在本复合语句中有效,这种复合语句也可称为"分程序"或"程序块"。

例 6.1

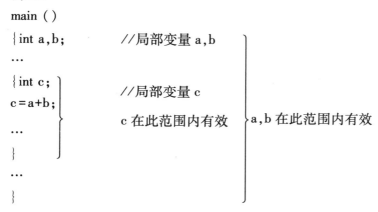

上例中变量 c 只在复合语句(分程序)内有效,离开该复合语句该变量就无效,释放内存单元。

（2）全局变量

在函数内定义的变量是局部变量,而在函数之外定义的变量称为外部变量,外部变量是全局变量,也称全程变量。全局变量可以为本文件中其他函数所共用。它的有效范围为从定义变量的位置开始到本源文件结束。

［说明］

①在一个函数中既可以使用本函数中的局部变量,又可以使用有效的全局变量。打个通俗的比方:学校有统一的规章制度,各班还可以根据需要制订各自的班级规章制度。在甲班,学校统一的规章制度和甲班的规章制度都是有效的;而在乙班,学校统一的规章制度和乙班的规章制度都是有效的。显然,甲班的规章制度在乙班无效,同样,

乙班的规章制度在甲班也无效。

②如果在同一个源文件中,外部变量与局部变量同名,则在局部变量的作用范围内,外部变量被"屏蔽"了,它不起作用,此时局部变量是有效的,即"局部优先"的原则。

③设全局变量的作用是增加了函数间数据联系的渠道。由于同一文件中的所有函数都能引用全局变量的值,因此如果在一个函数中改变了全局变量的值,就能影响到其他函数,相当于各个函数间有直接的传递通道。由于函数的调用只能带回一个返回值,因此有时可以利用全局变量增加与函数联系的渠道,从函数得到一个以上的返回值。为了便于区别全局变量和局部变量,在 C 程序设计人员中有一个不成文的约定(但非规定),将全局变量名的第一个字母用大写表示。

例 6.2

```
int a,b;    // a,b 是全局变量
void f( )
{
    a+=2;
    b+=3;
    …
}
main( )
{
    a=1;
    b=2;
    …
    f( );
    …
}
```

例 6.2 中变量 a、b 属于全局变量,即可在函数 f 中合法出现,又可以在函数 main 中合法出现。

例 6.3　有一个一维数组,内放 10 个学生成绩,写一个函数,求出平均分、最高分和最低分。

分析:显然希望从函数得到 3 个结果值,除了可得到一个函数的返回值以外,还可以利用全局变量。

```
#include " stdio.h"
float Max=0,Min=0;              //全局变量 Max 和 Min,全局变量首字母习惯
                                  使用大写
float average( float array[ ] ,int n)   //定义 average 函数,形参为数组
{
```

```
    int i;
    float aver,sum=array[0];
    Max=Min=array[0];
    for(i=1;i<n;i++)
    {
        if(array[i]>Max)
        {
            Max=array[i];
        }
        else if(array[i]<Min)
        {
            Min=array[i];
        }
        sum=sum+array[i];
    }
    aver=sum/n;
    return aver;
}
main()
{
    float ave,score[10];
    int i;
    for(i=0;i<10;i++)
    {
        scanf("%f",&score[i]);
    }
    ave=average(score,10);
    printf("max=%.2f\nmin=%.2f\naverage=%.2f\n",Max,Min,ave);
}
```

从上例中可以看出形参 array 和 n 的值由 main 函数传递给形参,函数 average 中 aver 的值通过 return 语句带回 main 函数。Max 和 Min 是全局变量,是公用的,它的值可以供各函数使用,如果在一个函数中,改变了它们的值,在其他函数中也可以使用这个已改变的值。由此可看出,可以利用全局变量以减少函数实参与形参的个数,从而减少内存空间以及传递数据时的时间消耗。

习 题

1.选择题

(1)建立函数的目的之一是( )。

A.提高程序的执行效率   B.实现模块化程序设计

C.减少程序的篇幅   D.减少程序文件所占内存

(2)一个 C 语言程序是由( )。

A.一个主程序和若干子程序组成   B.函数组成

C.若干过程组成   D.若干子程序组成

(3)C 语言规定,简单变量做实参时,与对应形参之间的数据传递方式是( )。

A.地址传递

B.由实参传给形参,再由形参传回给实参

C.单向值传递

D.以上 3 种说法都不对

(4)以下程序的输出结果是( )。

```c
void fun( )
{
    a=100;b=200;
}
main( )
{
    int a=5,b=7;
    fun( );
    printf("%d, %d \n",a,b);
}
```

A.100,200   B.100,7   C.5,7   D.5,200

(5)以下程序的输出结果是( )。

```c
int f( int b[ ],int n)
{
    int i,r=1;
    for(i=0;i<=n;i++)
    r=r*b[i];
    return r;
}
main( )
```

```
{
    int x,a[] = {2,3,4,5,6,7,8,9};
    x = f(a,4);
    printf("%d\n",x);
}
```

A.24   B.120   C.720   D.5040

（6）有下面的函数调用语句：

fun(a+b,3,max(n-1)b);

则 fun 的实参个数是（   ）。

A.3   B.4   C.5   D.6

（7）判断字符串 a 和 b 是否相等，应当使用（   ）。

A.if(a==b)   B.if(a=b)

C.if(strcpy(a,b))   D.if(strcmp(a,b)==0)

2.填空题

（1）数组名代表数组的_____，所以用数组做函数实参时，与对应的形参之间的数据传递方式是_____。

（2）在一个函数内部调用另外一个函数的调用方式称为函数的_____调用。在一个函数的内部直接或间接调用该函数本身的调用方式称为函数的_____调用。

（3）一个 C 程序总是从_____函数开始，到_____函数结束。

（4）在不同函数中_____使用相同名字的变量。（填可以或不可以）

（5）C 语言规定，在一个源程序中，main 函数的位置_____任意。（填可以或不可以）

（6）若对函数类型未加显式说明，则函数的隐含类型为_____类型。

（7）已知递归函数 f 的定义如下：

```
int f(int n)
{
    if(n<=1)return 1;
    else return n * f(n-2);
}
```

则函数调用语句 f(5)的返回值是_____。

（8）如果在程序中要用字符串处理函数，则在程序的开始必须加上_____。

3.编程题

（1）编写函数，求任意一个整数的平方。

（2）任意输入一个整数，判断其奇偶性。

（3）找出满足以下条件的所有两位数：①能被 3 整除。②此两位数至少有一位上的数是 4。

（4）写两个函数，分别求两个整数的最大公约数和最小公倍数，用主函数调用这两个函数，并输出结果，两个整数由键盘输入。

（5）一个班有 10 位同学参加了 C 语言考试，编写函数，统计出高于平均分的人数，要求在主函数内输入 10 位同学的成绩，在被调函数中统计出高于平均分的人数，并将统计的结果在主函数内输出。

（6）试编程利用海伦公式求三角形面积。由 3 人负责完成，B 负责判断能否构成三角形；C 负责计算三角形的面积；而 A 是总负责，其职责是输入 3 个数，调用函数 B，看其是否能构成三角形，若能，则调用 C。

单元7 指 针

▶ 知识目标

1.掌握指针的定义、初始化及使用规则；

2.掌握指向数组的指针的定义和使用方法；

3.掌握指针作函数参数及指向字符串的指针的使用方法。

▶ 能力目标

1.懂得为什么指针是 C 语言的精华,是 C 语言的核心所在；

2.具有应用指针解决实际问题的能力。

7.1 指针和指针变量

【任务1】　一个班进行了一次考试,现要将几个学生的成绩输入,用指针的方式输出。

【算法分析】

①定义指针变量。
②对指针变量进行初始化。
③用指针的方式输出。

【代码】

```
#include "stdio.h"
main( )
{
    int * p1 , * p2,a,b;                      //定义指针变量 p1 和 p2
    printf( "输入:") ;
    scanf( "%d,%d" ,&a,&b) ;
    p1 =&a;p2 =&b;                            //对指针变量 p1 和 p2 进行初
                                               始化

    printf( "输出:") ;
    printf( " * p1 =%d, * p2 =%d\n" , * p1 , * p2) ;   //用指针的方式进行输出
}
```

【知识点】

1.指针和指针变量的概念

指针是 C 语言的精华,也是 C 语言的一个重要特色。内存单元的编号称为地址,通常将这个地址称为指针。内存单元的指针和内存单元的内容是两个不同的概念。单元的地址即为指针,其中存放的数据才是该单元的内容。在 C 语言中,允许用一个变量来存放指针,这种变量称为指针变量。因此,一个指针变量的值就是某个内存单元的地址或称为某内存单元的指针。

严格来说,一个指针是一个地址,是一个常量;而一个指针变量却可以被赋予不同的指针值,是变量。但是常把指针变量简称为指针。为了避免混淆,故约定"指针"是指地址,是常量;"指针变量"是指取值为地址的变量。定义指针是为了通过指针去访问内存单元。

　　每一个指针都有相应的类型,该类型就是指针所指向的数据类型。例如,int 类型的指针,说明该指针所指对象中存放的是 int 类型的数据。

2.指针变量的定义与初始化

(1)指针变量的定义格式

　　　　类型标识符　∗指针变量名;

其中,格式中的"∗"是一个说明符,用来说明其后的变量是一个指针变量。格式中的"类型标识符"用来说明指针的基本类型,即该指针变量用来存放哪一种类型的变量的地址,它可以是任何一个合法的 C 语言数据类型。例如:

int　∗ p;

(2)指针变量的初始化

指针变量在定义的同时,被赋予初始值,称为指针的初始化。

初始化的一般形式为:

　　　　类型标识符　∗指针变量名=初始地址值;

例如:

int x;

int　∗ px = &x;

[说明]

①这里的初始化是对指针变量的初始化,而不是对指针所指数据的初始化。例如,在上述例子中,是将地址 &x 赋给了指针变量 px,而不是赋给指针所指向的对象的内容"∗ px"。

②指针所指向对象的数据类型必须与指针的数据类型相一致。例如:

double x;

int　∗ px = &x;

是错误的。

③可以将一个指针的值赋给另一指针。例如:

int x;

int ∗ pm = &x;

int ∗ qm = pm;

④可以将一个指针初始化为一个空指针。初始化为空指针的方法有以下两种:

int　∗ px = 0;

或 int　∗ px = NULL;

赋予 0 值或 NULL 的指针不指向任何对象。

⑤当把一个变量的地址作为初始值赋给指针变量时,这个变量必须在这个指针初始化之前已经定义过了,因为没定义过的变量其地址也没定义。

3.指针的基本运算

（1）间接存取运算

& 取地址运算符   * 取值运算符

例如：

int n = 2, * pointer;

pointer = &n;

&(*pointer)等效于 pointer，其结果为(*pointer)的地址，即 n 的地址；

*(&n)等效于 n，即地址(&n)所存放的值，其结果就是 2。

在进行指针运算时，要注意 pointer = &n 与 * pointer = n 这两个表达式的区别：

pointer = &n：是将变量 n 的地址赋给指针变量，从而使 pointer 指向 n，这时 * pointer 和 n 取值相同。

*pointer = n：是将变量 n 的值赋给 pointer 当前所指向的变量。

pointer、* pointer 和 &pointer 三者的区别：

pointer：是指针变量，其内容是地址量。

*pointer：是指针变量所指向的变量，其内容是变量的值。

&pointer：是指针变量本身所占据的存储地址。

（2）赋值运算

常见的赋值方式有下述几种。

①可以把一个变量的地址赋予与其具有相同数据类型的指针。例如：

int a, * p1;

p1 = &a;

②相同类型的指针变量间可以相互赋值。例如：

int *p1, * p2;

p1 = p2;

③将数组的地址赋予与其具有相同数据类型的指针。例如：

int * p1, a[20];

p1 = a;或 p1 = &a[0];

（3）算术运算

①指针的自增或自减运算。例如：

指针++或++指针

指针--或--指针

指针自增或自减运算，是使指针指向下一个或前一个同类型的数据，即指针向后或向前移动一个所指向的数据类型的空间。

例如，分析以下程序段的输出结果：

int x, y, * p;

p = &x;

y = *p++;   //即 y = *（p++），先进行赋值运算，再进行指针自加运算

y = *++p;   //即 y = *（++p），进行指针自加运算，再进行赋值运算

y = （*p）++; //先赋值，后使指针指向的变量的值加 1

y = ++（*p）; //将指针指向的变量的值加 1，然后再赋值

②指针变量加上或减去一个整数。指针加上或减去一个整数 n，相当于将指针指向的当前位置前移或后移 n 个存储单元。例如：

指针+n 或指针−n

其中，n 是不为 0 的任意正整数。指针加减一个整数时，指针值（地址值）所跨越的字节数，除了与加减的整数 n 有关外，还与指针的基类型有关。假定指针的基类型是 type，加减的整数为 n，则地址值实际增加或减少 n * sizeof（type）个字节。

③两个指针变量的减法运算。相同基类型的两个指针 p 和 q 可以进行减法运算，其结果是一个整数，表示两地址之间可容纳的相应类型数据的个数。两个指针变量相减也是地址运算，但结果不是地址量，而是按下面的公式计算得到的一个整数：

$$\frac{\text{p 中的地址值-q 中的地址值}}{\text{数据长度（字节数）}}$$

[注意]

a.两个指针相减，一般只有高地址指针减低地址指针才有意义。

b.指针相减运算不能用于指向函数的指针。

④关系运算。两个指向同一数据类型的指针变量之间可以进行各种关系运算，包括

>（大于）、>=（大于等于）

<（小于）、<=（小于等于）

==（等于）和!=（不等于）

两个指针变量之间的关系运算表示它们所指向的地址位置之间的关系。假设数据在内存中的存储逻辑是由前向后，则指向后面的指针变量大于前面的指针变量。如果两个指针相等，表明它们指向同一个数据。

指针之间进行关系运算需注意以下几点：

a.两个不同数据类型指针之间的关系运算是无意义的。

b.指针与一个整型数据的关系运算是没有意义的。

c.指针可以和 0 进行"=="或"!="的比较，用以判断是否为空指针。

【课堂训练】

输入 a、b 两个整数，使用指针变量按从小到大的顺序输出这两个整数。

7.2 指向数组的指针

【任务2】 一个班有10个同学进行了一次考试,用指针实现全班同学成绩的输入输出。

【算法分析】

①定义一维整数组 score[10]并初始化。

②定义一个指针变量 p 并初始化,使指针 p 指向数组 score 的起始地址。

③使用指针的方式循环输出数组 score 中每个同学的成绩。

【代码】

```c
#include "stdio.h"
main()
{
    int score[10], *p,i;
    printf("请输入 10 个学生的成绩:");
    for(i =0;i<10;i++)      //用键盘给数组元素赋初值
    {
        scanf("%d",&score[i]);
    }
    /*
    用键盘给数组元素赋初值也可用指针的形式实现,例如:
    for(p =score;p<score+10;p++)
    {
        scanf("%d",p);
    }
    */
    printf("输出的 10 个学生的成绩为:");
    for(p =score;p<score+10;p++)
    {
        printf("%5d", *p);
    }
    printf("\n");
}
```

【任务3】 用几种方法输出二维数组各元素的值。

【代码】

```c
#include "stdio.h"
main( )
{
    int s[3][4]={1,2,3,4,5,6,7,8,9,10,11,12};
    int i,j,( *p)[4];
    int row,col;
    p=s;
    printf("用二维数组的指针变量计算i行j列元素的方法:\n");
    for(i =0;i<3;i++)
    {
        for(j=0;j<4;j++)
        {
            printf("%8d", *( *(p+i)+j));
        }
        printf("\n");
    }
    printf("用二维数组的数组名计算i行j列元素的方法:\n");
    for(i=0;i<3;i++)
    {
        for(j=0;j<4;j++)
        {
            printf("%8d", *( *(s+i)+j));
        }
        printf("\n");
    }
    printf("用直接采用首元素地址计算i行j列元素的方法:\n");
    row=3;col=4;
    for(i=0;i<row;i++)
    {
        for(j=0;j<col;j++)
        {
            printf("%8d", *(&s[0][0]+i*col+j));
```

```
            }
        printf(" \n") ;
    }
}
```

【知识点】 指向数组的指针

(1)指针与数组的关系

一个数组可以包含若干个类型相同的元素,每个元素都与一个唯一的地址相对应。根据指针的概念,可定义一个指针指向数组。例如:

float x[10] , * px;

因为数组名代表数组的首地址,也即数组中第一个元素的地址,所以可以通过如下的赋值语句使该指针指向数组 x:

px = x;或 px = &x[0];

对 px+i == &px[i],两边同时作取内容运算得:

* (px+i) == * (&px[i])

即 * (px+i) == px[i]

或 px[i] == * (px+i)

从上面可以看出,引用一个数据元素有两种方法:

下标法,如 px[i]

指针法,如 * (px+i)。

有下列两个式子成立:

px+i == &px[i]

px[i] == * (px+i)

对指针和数组在使用时应注意下述几点。

①用指针和数组名在访问地址中的数据时,它们的表现形式是等价的,因为它们都是地址量。

②指针和数组名在本质上又是不同的。指针是地址变量,其值可以发生变化,可以对其进行赋值和其他运算,而数组名是地址常量,不能对其赋值和。例如,指针的以下运算都是合法的:

int x[10] , * px;

px = x;px++; px--; px+=n;

(2)多维数组元素的指针访问方式(以二维数组为例)

二维数组可以看成是一种特殊的一维数组,每一个一维数组元素本身又是一个有若干个数组元素的一维数组。

例如:int b[3][4];理解为:有 3 个元素 b[0]、b[1]、b[2],每一个元素代表一行,每一个元素是一个包含 4 个元素的数组。

　　设 p 为指向二维数组的指针变量,若 p=b[0],可定义为 int(＊p)[4],p=b,则 p+i 指向一维数组 b[i],而＊(＊(p+i)+j))则是 i 行 j 列元素的值。

　　＊(＊(b+i)+j)式子是根据二维数组名计算 i 行 j 列元素的值;

　　还有一种直接采用首元素地址计算 i 行 j 列元素的方法。其格式如下:

　　＊(首元素地址+行号＊列数+列号)

【课堂训练】

　　通过指针变量读入数组的 10 个元素,然后输出这 10 个元素。

7.3　使用指针作函数参数

【任务 4】 　将数组 a 中 n 个整数按相反顺序存放(要求使用函数调用的方式完成,并使用指针作为函数的参数)。

【算法分析】

　　①定义一维数组 a 和指针 p、q 并分别初始化,使 p 指针指向数组的起始地址,q 指针指向数组的最后一个元素。

　　②定义一个名为 reverse 的函数(参数使用指针),该函数的功能是完成数组中数据的逆置,即将 a[0]和最后一个元素交换,a[1]和倒数第二个元素交换,依次类推……

　　③使用循环将逆置后的数组输出。

【代码】

```
#include "stdio.h"
#define N 10
void reverse( int ＊x, int ＊y)      //实参用的是指针,形参对应的也必须是指针
{
  int t;
  //当元素的个数为奇数个时,则会出现两个指针重合的情况,即 x 等于 y
  //当元素的个数为偶数个时,则会出现 x 指针最终大于 y 指针的情况
  //x 指针++表示后移,y 指针--表示前移
  for( ;x<=y;x++,y--)
  {
  //交换数组中元素的值,a[0]和最后一个元素交换,a[1]和倒数第二个元素交
    换,依次类推
      t=＊x;＊x=＊y;＊y=t;
```

```
        }
    }
    main( )
    {
        int a[N], * p, * q;
        printf("数组中%d 个元素未逆置前的值为:\n",N);
        for( p =a;p<a+N;p++)
        {
            scanf("%d",p);           //使用指针的方法对数组进行初始化
        }
        p=a;                         //使指针 p 重新指向数组的起始地址
        q=&a[N-1];                   //使指针 q 指向数组的最后一个元素
        reverse(p,q);                //使用指针作为函数的参数,传递的是地址值
            printf("数组中%d 个元素逆置后的值为:\n",N);
        for( ;p<a+N;p++)
        {
            printf("%5d", * p);      //使用指针的方式将数组中的元素值输出
        }
        printf(" \n");
    }
```

【知识点】 指针与函数

"传值"是 C 函数传递参数的基本方式,对于指针参数也不例外。也就是说,即使改变了形参指针变量的值,使之指向另外的目标,对应的实参指针变量仍然指向原来的目标,不会有任何改动。但是,函数要处理的对象通常并不是作为参数的指针本身,而是指针所指向的数据。

通过形参指针可以访问实参指针所指向的数据,因此指针参数的传递就是将实参指针所指向的数据间接地传递给被调用的函数。由此可见,在向被调用函数传递数据时,除了可以采用"传值"这种直接传送方式外,还可以采用"传指针"这种间接传送方式。在后一种情况下,函数要处理的不是指针本身,而是指针所指向的数据。

虽然指针型形参值(即指针值)也不能回传给实参,但是指针型形参变量得到的是主调函数中某个变量的地址,因此可以通过间接存取运算,操作主调函数中的变量,从而将指针形参的指向域扩大到主调函数,达到与主调函数双向交换数据的目的,这是很多函数利用指针参数的重要目的。例如:

void add(int x,int y,int * p) { * p=x+y;}

该函数是将参数 x 和参数 y 的和存放在指针 p 所指向的变量中。

【课堂训练】

编写函数,求一含有 13 个整数的数组中的最大数和最小数。要求使用指针作为函数参数的方法实现。

【拓展知识】　指向字符串的指针变量

类型为 char 的指针称为字符指针。字符指针是 C 语言中常用的指针类型。

字符指针初始化的方法有下述两种形式。

(1)在指针定义的同时进行初始化

例如:char ＊p＝"This is a string";

需要注意的是对字符指针初始化,就是将字符串的首地址赋给指针,而不是将字符串本身复制到指针中。指针初始化就是使指针指向该字符串。

也可用以下形式进行指针初始化:

char c[20];

char ＊p＝c;

char ＊pc＝p;

如果数组 c 中包含一字符串,则可以把该数组的首地址赋给指针 p。用已初始化的指针来初始化另一指针也是可行的办法。

(2)利用赋值语句来初始化指针

……

char ＊s;

……

s＝"string";

于是指针 s 就指向字符串"string"。同样,该赋值语句也是将字符串"string"的首地址赋给 s,而不是将字符串本身复制给 s。

例如:将字符串 a 复制到字符串 b。

方法 1

```
#include "stdio.h"
main ( )
{
    char a[ ]="I am a boy.",b[20], ＊p1, ＊p2;
    int i;
    p1＝a;
    p2＝b;
    for( ; ＊p1 !＝'\0';p1++,p2++)
    {
```

```
        * p2 = * p1;        //当 p1 == '\0 '时结束循环,因此'\0 '并没有复制到
                                * p2 上
        }
        * p2 = '\0 ';
        printf("string a is:%s\n",a);
        printf("string b is:%s\n",b);
        printf("\n");
}
```

方法 2
```
#include "stdio.h"
main()
{
        char * a = "I am a boy.", * b;
        b = a;
        printf("string a is:%s\n",a);
        printf("string b is:%s\n",b);
        printf("\n");
}
```

习 题

1.选择题

(1)若有以下定义,int x[10], * p = x;则对 x 数组元素的正确引用是(　　)。

A. * (&x[10])　　　　　B. * (x+3)　　　　C. * (p+10)　　　　D.p+3

(2)C 语言规定,指针变量做函数实参时,与对应形参之间的数据传递方式是(　　)。

A.地址传递

B.由实参传给形参,再由形参传回给实参

C.单向值传递

D.以上 3 种说法都不对

(3)int a[] = {0,1,2,3,4,5,6,7,8,9}, * p = a,i;其中 $0 \leq i \leq 9$, 则对 a 数组元素不能正确引用的是(　　)。

A.a[p-a]　　　　　　B. * (&a[i])　　　　C.p[i]　　　　　　D.a[10]

(4)若有下面的程序段,"char s[] = "china";char * p; p = s";则下列叙述正确的是(　　)。

A.C 语言规定在定义数组的时候必须给出数组的长度,但本题中数组 s 的大小并未给出,所以无法为数组在内存中开辟空间,所以这段程序是有问题的

B.数组 s 中的内容和指针变量 p 中的内容相等

C.s 数组长度和 p 所指向的字符串长度相等

D.＊p 与 s[0]相等

(5)下面程序的运行结果是(　　　)。

```
main( )
{
    int a[ ]={1,2,3,4,5,6,7,8,9,0} ,＊p;
    for( p=a;p<a+10;p++)
    {
        printf( "%d,", ＊p);
    }
}
```

A.1,2,3,4,5,6,7,8,9,0,　　　　　　　　B.2,3,4,5,6,7,8,9,10,1,

C.0,1,2,3,4,5,6,7,8,9,　　　　　　　　D.1,1,1,1,1,1,1,1,1,1,

(6)有如下说明:

int a [10]={1,2,3,4,5,,6,7,8,9,10} , ＊p=a;则数值为 9 的表达式是(　　　)。

A.＊p+9　　　　　　　B.＊(p+8)　　　　　C.＊p+=9　　　　　　D.p+7

(7)下面程序的运行结果是(　　　)。

```
void f( int ＊x,int ＊y)
{
    int t;
    t=＊x; ＊x=＊y; ＊y=t;
}
main( )
{
    int a[8]={1,2,3,4,5,6,7,8} ,i,＊p,＊q;
    p=a;q=&a[7];
    while( p<q)
    {
        f( p,q);
        p++;
        q--;
    }
    for( i=0;i<8;i++)
        printf( "%d,",a[i]);
}
```

A.8,2,3,4,5,6,7,1,   B.5,6,7,8,1,2,3,4,

C.1,2,3,4,5,6,7,8,   D.8,7,6,5,4,3,2,1,

(8)下面程序的运行结果是(   )。

```
main( )
{
    char * s1 = "AbDeG";
    char * s2 = "AbdEg";
    s1+=2;s2+=2;
    printf("%d\n",strcmp(s1,s2));
}
```

A.正数   B.负数   C.零   D.不确定的值

2.填空题

(1)指针变量的类型是指_____。

(2)定义指针变量时必须在变量名前加_____,指针变量是存放_____的变量。

(3)若有以下定义,int a[10], * p=a;则 p+5 表示元素_____的地址。

(4)已知整型变量 k 定义为 int k;指向变量 k 的指针变量定义方法是_____。

(5)若有定义,int a[ ]={2,4,6,8,10,12}, * p=a;则 * (p+1)的值是_____, * (a+5)的值是_____。

(6)指针可以指向_____,可以指向_____,还可以指向_____。

3.编程题（本章习题均要求用指针的方法处理）

(1)输入 3 个整数,按由小到大的顺序输出。

(2)输入 10 个整数,将其中最小的数与第一个数对换,把最大的数与最后一个数对换。写 3 个函数:①输入 10 个数;②进行处理;③输出 10 个数。

(3)用指针变量作为函数参数,实现数据的交换。

(4)编写一个函数用选择法对 10 个整数按从大到小的顺序排序,要求用指针做函数的参数。

(5)有一个班 4 个学生,5 门课。①求第一门课的平均分;②找出有 2 门以上课程不及格的学生,输出他们的学号和全部课程成绩和平均成绩;③找出平均成绩在 90 分以上或全部课程成绩在 85 分以上的学生。分别编 3 个函数实现以上 3 个要求。

(6)编写函数(使用指针的方法),判断一字符串是否是回文。若是回文函数返回值是 1;否则返回值为 0(回文是顺读和倒读都是一样的字符串,例如:abcba)。

单元8 用户自定义数据类型

▶ 知识目标

1.掌握结构体类型的定义与使用；

2.了解共用体类型的使用；

3.了解枚举类型的使用。

4.掌握类型声明符 typedef 用法。

▶ 能力目标

1.具有应用结构体解决实际问题的能力；

2.具有使用 typedef 解决实际问题的能力；

3.具有设计测试数据进行程序测试的能力。

8.1　结构体

【任务1】　输入10个学生姓名和3门课程的成绩,输出学生姓名、成绩及平均分。

方法1:使用数组

【算法分析】

①定义数组 name[10][9],score[10][3],ave[10]。
②使用循环语句依次输入10个学生姓名及3门课程成绩,并计算平均分。
③输出学生姓名、成绩及平均分。

【代码】

```
#include "stdio.h"
main()
{
        char name[10][9];
        float score[10][3],ave[10]={0};
        int i,j;
        printf("请输入学生姓名及成绩:\n");
        for(i=0;i<10;i++)
        {
                printf("请输入第%d个学生姓名:(按回车键结束)\n",i+1);
                scanf("%s",name[i]);
                printf("请输入第%d个学生3门课成绩:\n",i+1);
                for(j=0;j<3;j++)
                {
                        scanf("%f",&score[i][j]);
                        ave[i]+=score[i][j];
                }
                ave[i]/=3;
        }
        printf("\n学生姓名,成绩及平均分为:\n");
        printf("\n\n姓名\t课程1\t课程2\t课程3\t平均成绩\n");
        for(i=0;i<10;i++)
        {
```

```
            printf("%s",name[i]);
            for(j=0;j<3;j++)
                    printf("%8.1f",score[i][j]);
            printf("%8.2f\n",ave[i]);
        }
}
```

方法 2:使用结构体

【算法分析】

①定义结构体。

②使用循环语句依次输入 10 个学生姓名及 3 门课程成绩,并计算平均分。

③输出学生姓名、成绩及平均分。

【代码】

```
#include "stdio.h"
main()
{
        struct student{
                char name[9];
                float score[3];
                float ave;
        }stu[10];
        int i,j;
        printf("请输入学生姓名及成绩:\n");
        for(i =0;i<10;i++)
        {
            printf("请输入第%d 个学生姓名:(按回车键结束)\n",i+1);
            scanf("%s",stu[i].name);
            printf("请输入第%d 个学生 3 门课成绩:\n",i+1);
            stu[i].ave=0;
            for(j=0;j<3;j++)
            {
                scanf("%f",&stu[i].score[j]);
                stu[i].ave+=stu[i].score[j];
            }
            stu[i].ave/=3;
```

```
            }
        printf("\n 学生姓名,成绩及平均分为:\n");
        printf("\n\n 姓名\t 课程 1\t 课程 2\t 课程 3\t 平均成绩\n");
        for(i=0;i<10;i++)
        {
            printf("%s",stu[i].name);
            for(j=0;j<3;j++)
                printf("%8.1f",stu[i].score[j]);
            printf("%8.2f\n",stu[i].ave);
        }
    }
```

【知识点】

1.结构体的定义

前面的内容已介绍了 C 语言的基本类型(或称简单类型)的变量,如整型、实型、字符型变量,同时也学习了数组(构造类型)。但是,在日常问题的处理中,人们经常会遇到一个对象中涉及多种不同的数据类型,因为这些数据同属于一个对象,它们之间是互相联系的。如一个学生的学号、姓名、性别、年龄、成绩、家庭地址等,这些项都与某一学生相联系,如图 8.1 所示。

Num	name	sex	age	score	addr
201503001	赵一敏	女	18	89.5	北京市海淀区民主街 46 号

图 8.1　一个学生的信息

C 语言允许用户指定这样一种数据结构,它称为结构体(structure),相当于其他高级语言中的记录。一个结构体可以包含多种不同的数据类型,但必须是用户自己建立所需的结构体类型。

声明一个结构体类型形式为:

　　struct　　结构体名

　　{成员表列};

“结构体名”用作结构体类型的标志,“成员表列”中要对各成员进行类型声明,即

　　类型名　　成绩名;

对图 8.1 中学生信息可建立如下结构体:

struct student

{

　　int num;

　　char name[10];

```
        char sex[3];
        int age;
        float score;
        char addr[50];
    };
```

定义结构体后,该结构体有 6 个成员(又称域),成员名定名规则与变量名相同。

2.定义结构体类型变量

前面已经定义了一个结构体类型,但它只相当于一个模型,其中没有任何数据,只有使用该类型定义结构体变量后,才能存放具体的数据。定义结构体类型变量有下述 3 种方法。

(1)先声明结构体类型再定义变量名

如上面已定义一个结构体类型"struct student",可以用它来定义变量。例如:

struct student student1,student2;

其中,struct student 是结构体类型名,student1,student2 是 struct student 类型的变量。

(2)在声明类型的同时定义变量

定义的一般形式为:

```
        struct 结构体名
        {
        成员表列}变量名表列;
```

例如:

```
struct student
{
    int num;
    char name[10];
    char sex[3];
    int age;
    float score;
    char addr[50];
}student1,student2;
```

它的作用与第一种方法相同,即定义了两个 struct student 类型的变量 student1,student2。

(3)直接定义结构体类型变量

定义的一般形式为:

```
        struct
        {
        成员表列}变量名表列;
```

即该定义不出现结构体变量名,例如:

```
struct
{
    int num;
    char name[10];
    char sex[3];
    int age;
    float score;
    char addr[50];
} student1,student2;
```

3.结构体变量的引用

定义结构体变量以后,可引用这个变量,引用的方式为:

　　结构体变量名.成员名

[注意]

(1)不能将一个结构体变量作为一个整体进行输入和输出。例如:

printf("%d,%s,%s,%d,%f,%s\n",student1);

正确的输出为:

printf("%d,%s,%s,%d,%f,%s\n",student1.num,student1.name,student1.sex,student1.age,student1.score,student1.addr);

(2)结构体变量的成员可以像普通变量一样进行各种运算。例如:

student1.score=student2.score;

++student1.age;

4.结构体数组

结构体数组中每个数组元素都是一个结构体类型的数据,它们都分别包括各个成员(分量)项。

定义结构体变量方法与定义普通变量相同。例如:

```
struct student
{
    int num;
    char name[10];
    char sex[3];
    int age;
    float score;
    char addr[50];
};
```

struct student stu[10];

以上定义一个结构体数组"stu",数组有 10 个元素。每个元素有 6 个成员,如图 8.2 所示。

	num	name	sex	age	score	addr
stu[0]	201403001	胡开	男	19	86	湖北省宜昌市宜兴大道 13 号地址花苑 7-3-101
stu[1]	201403002	许祥林	男	18	76	安徽省滁州市琅琊区民安小区 B 区 22 号 202
stu[2]	201403003	刘龙	男	18	75	湖北省安陆市车湾镇长池村 2-6 号
stu[3]	201403004	陈丹	女	19	81	上海市虹口区（县）新港街道大连路 126 号
stu[4]	201403005	张小妹	女	18	86	安徽省桐城市双港镇花坪镇五抱树村 1 组
stu[5]	201403006	杜山	男	19	86	湖南省房县白鹤乡长龙村 3 组
stu[6]	201403007	杨忠	男	18	79	黑龙江省河西区索河镇官桥村 3 号
stu[7]	201403008	闫花	女	18	86	武汉市新洲区广安路 72 号 1024 室
stu[8]	201403009	窦海涛	男	18	72	江苏省闫城市闫家河镇南正街 9 号
stu[9]	201403010	赵一敏	女	19	77	北京市海淀区民主街 46 号

图 8.2 学生信息表

【课堂训练】

定义一个结构体类型,包含姓名、性别、年龄、身高、体重、住址,输入 3 个学生数据并输出。

【任务 2】 已知 10 个学生相关信息见下表。

序 号	姓 名	性 别	出生日期	语 文	数 学	英 语	物 理	化 学
1	王维一	男	1995-8-12	70	66	93	58	78
2	张浩	男	1995-1-23	61	93	65	82	96
3	张丽	女	1996-4-20	80	85	94	69	56
4	陈聂可	女	1995-12-5	66	99	77	88	91
5	王华	男	1997-1-8	50	62	87	95	83
6	汪小立	女	1995-4-15	65	74	86	80	83
7	郭迪清	男	1996-6-14	70	75	70	59	76
8	陈颖	女	1994-9-12	64	59	76	58	58
9	刘亮	男	1995-8-10	58	90	79	89	80
10	张心羽	女	1995-12-26	91	70	96	80	89

编程显示如下菜单,根据菜单实现相应功能:

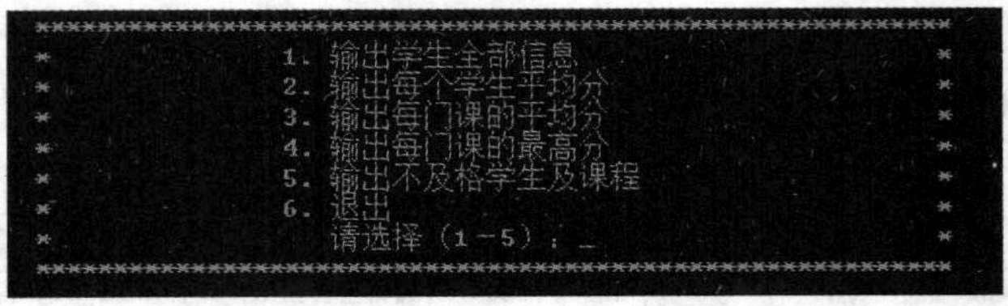

图 8.3　菜单应实现的功能

【算法分析】

①定义结构体变量并对结构体数组进行初始化。

②定义 6 个子函数,分别实现菜单对应的 6 个功能。

③使用主函数显示界面并调用不同功能。

【代码】

```c
#include "stdio.h"
#include "stdlib.h"
struct date              /*定义日期结构体类型*/
{
        int year;
        int month;
        int day;
}
struct student           /*定义结构体类型*/
{
    char name[10];
    char sex[4];
    struct date brithday;
    float ywscore;
    float sxscore;
    float yyscore;
    float wlscore;
    float hxscore;
}

void display()           /*显示界面*/
{
    char   disp[9][200] = {
```

```
"           ***************************************************** ",
"      *                1.输出学生全部信息                     * ",
"      *                2.输出每个学生平均分                   * ",
"      *                3.输出每门课的平均分                   * ",
"      *                4.输出每门课的最高分                   * ",
"      *                5.输出不及格学生及课程                 * ",
"      *                6.退出                                 * ",
"      *                请选择(1-5):_                          * ",
"           ***************************************************** "};
    int i;
    for(i=0;i<9;i++)
        puts(disp[i]);
}


void outputscore(struct student stu[])        /*显示学生成绩*/
{
    int i;
    printf("\n姓名\t性别\t\t出生日期\t语文\t\t数学\t英语\t物理\t化学\
n");
    for(i=0;i<10;i++)
        printf("%-6s   %-6s   %4d-%2d-%2d   %2.0f      %2.0f      %2.0f
        %2.0f %2.0f\n",stu[i].name,stu[i].sex,stu[i].brithday.year,stu[i].
        brithday.month,stu[i].brithday.day,stu[i].ywscore,stu[i].sxscore,
        stu[i].yyscore,stu[i].wlscore,stu[i].hxscore);
    printf("\n\n\n\n");
}


void quit()                              /*退出*/
{
    return;
}


void   dispave(struct student stu[])        /*求每个学生成绩平均分并输出*/
{
    float   ave[10];
    int i;
```

```
    for(i=0;i<10;i++)
    {
        ave[i]=(stu[i].ywscore+stu[i].sxscore+stu[i].yyscore+stu[i].wlscore+
        stu[i].hxscore)/5;
    }
    printf("\n姓名\t语文\t数学\t英语\t物理\t化学\t平均分\n");
    for(i=0;i<10;i++)
        printf("%-6s\t%2.0f\t%2.0f\t%2.0f\t\t%2.0f\t%2.0f\t  %2.1f\n",
    stu[i].name,stu[i].ywscore, stu[i].sxscore,stu[i].yyscore, stu[i].wlscore,
    stu[i].hxscore,ave[i]);
    printf("\n\n");
}


void   dispkcave(struct student stu[])      /*求每个学生每门课程成绩平均分并
                                             输出*/
{
    float   ave[5]={0,0,0,0,0};
    int i,j;
    for(i=0;i<5;i++)
    {
        for(j=0;j<10;j++)
        {
            if(i==0) ave[i]=ave[i]+stu[j].ywscore;
            if(i==1) ave[i]=ave[i]+stu[j].sxscore;
            if(i==2) ave[i]=ave[i]+stu[j].yyscore;
            if(i==3) ave[i]=ave[i]+stu[j].wlscore;
            if(i==4) ave[i]=ave[i]+stu[j].hxscore;
        }
        ave[i]=ave[i]/10;
    }
    printf("\n\t\t\t语文\t数学\t英语\t物理\t化学\n");
    printf("平均分");
    for(i=0;i<5;i++)
        printf("\t\t%2.0f",ave[i]);
    printf("\n\n\n\n\n\n");
}
```

```
void    dispkcmax(struct student stu[ ])        /*求每门课程的最高分*/
{
    float   max[5]={0,0,0,0,0};
    int i,j;
    for(i=0;i<5;i++)
    {
            for(j=0;j<10;j++)
            {
                if(i==0 && max[i]<stu[j].ywscore) max[i]=stu[j].ywscore;
                if(i==1 && max[i]<stu[j].sxscore) max[i]=stu[j].sxscore;
                if(i==2 && max[i]<stu[j].yyscore) max[i]=stu[j].yyscore;
                if(i==3 && max[i]<stu[j].wlscore) max[i]=stu[j].wlscore;
                if(i==4 && max[i]<stu[j].hxscore) max[i]=stu[j].hxscore;
            }
    }
    printf("\n\t\t\t\t 语文\t 数学\t 英语\t 物理\t 化学 \n");
    printf("最高分");
    for(i=0;i<5;i++)
            printf("\t \t %2.0f",max[i]);
    printf("\n\n\n\n\n\n");
}


void    dispkcbjg(struct student stu[ ])        /*输出不及格学生及不及格课程成
                                                 绩*/
{
    char    kcname[5][20]={"语文","数学","英语","物理","化学"};
    int i,j;
    printf("不及格学生及课程:\n");
    for(i=0;i<10;i++)
    {
            for(j=0;j<5;j++)
            {
                    if(j==1 &&   stu[i].ywscore<60)    printf("%-6s   %s    %2.0f
                    \n",stu[i].name,kcname[j],stu[i].ywscore);
                    if(j==2 &&   stu[i].sxscore<60)    printf("%-6s   %s    %2.0f
                    \n",stu[i].name,kcname[j],stu[i].sxscore);
```

```
            if(j==3 && stu[i].yyscore<60)   printf("%-6s   %s   %2.0f
            \n",stu[i].name,kcname[j],stu[i].yyscore);
            if(j==4 && stu[i].wlscore<60)   printf("%-6s   %s   %2.0f
            \n",stu[i].name,kcname[j],stu[i].wlscore);
            if(j==5 && stu[i].hxscore<60)   printf("%-6s   %s   %2.0f
            \n",stu[i].name,kcname[j],stu[i].hxscore);
        }
    }
    printf("\n\n\n\n");
}

main()
{
    struct student   stu[10]={
    "王维一","男",1995,8,12,70,66,93,58,78,
    "张浩","男", 1995,1,23,61,93,65,82,96,
    "张丽", "女",1996,4,20,80,85,94,69,56,
    "陈聂可","女",1995,12,5,66,99,77,88,91,
    "王华","男",1997,1,8,50,62,87,95,83,
    "汪小立","女",1995,4,15,65,74,86,80,83,
    "郭迪清","男",1996,6,14,70,75,70,59,76,
    "陈颖","女",1994,9,12,64,59,76,58,58,
    "刘亮","男",1995,8,10,58,90,79,89,80,
    "张心羽","女",1995,12,26,91,70,96,80,89,
    };
    int n;
    display();
k:  scanf("%d",&n);
    switch(n)
    {
        case 1:system("cls");outputscore(stu);display();goto k;break;
        case 2:system("cls");dispave(stu);display();goto k;break;
        case 3:system("cls");dispkcave(stu);display();goto k;break;
        case 4:system("cls");dispkcmax(stu);display();goto k;break;
        case 5:system("cls");dispkcbjg(stu);display();goto k;break;
        case 6:quit();break;
```

```
            }
        getchar( );
        getchar( );
    }
```

【知识点】

1.结构体的成员也可以是结构体变量

在定义结构体变量时,其成员也可以是一个结构体变量。如:

```
struct date              / *定义日期结构体类型 */
{
        int year;
        int month;
        int day;
};
struct student           / *定义结构体类型 */
{
    char name[10];
    char sex[4];
    struct date brithday;
    float ywscore;
    float sxscore;
    float yyscore;
    float wlscore;
    float hxscore;
};
```

先声明一个 struct date 类型,它代表"日期",包括 3 个成员:month(月)、day(日)、year(年),然后在定义 struct student 类型时,将成员 brithday 指定为 struct date 类型。

2.结构体变量的初始化

和其他类型变量一样,对结构体变量可以在定义时指定初始值。例如:

```
struct student
{
    int num;
    char name[10];
    char sex[3];
```

```
        int age;
        float score;
        char addr[50];
}student1 = {201503001,"赵一敏","女",18,89.5,"北京市海淀区民主街46
号"};
```

【课堂训练】

输入任务二代码并运行。

8.2 共用体

【任务3】 现要输入学生与教师相关信息,学生数据中包括:姓名、序号、身份、班级;教师数据包括:姓名、序号、身份、职称。要求用一个表格处理。信息如下(以两个数据为例)。

姓　名	序　号	身　份	班级/职称
李随月	4200103001	教师	副教授
张学文	4200103002	学生	501

【算法分析】

①定义结构体类型并保存数据,包含"姓名、序号、身份、班级/职称"4 个成员,其中成员"班级/职称"又定义为共用体类型。

②输入数据。

③输出数据。

【代码】

```c
#include "stdio.h"
struct
{
        int no;
        char name[10];
        char job;
        union
```

```
        {
                int clas;
                char posi[10];
        } cate;
}s[2];
main( )
{
        int i;
        for(i=0;i<2;i++)
        {
                printf("请依次输入序号、身份(s-学生,t-教师)、姓名:\n");
                scanf("%d%c%s",&s[i].no,s[i].job,s[i].name);
                if(s[i].job=='s')
                {
                        printf("请输入学生班级:\n");
                        scanf("%d",&s[i].cate.clas);
                }
                else   if(s[i].job=='t')
                {
                        printf("请输入教师职称:\n");
                        scanf("%s",s[i].cate.posi);
                }
        }
        printf("\n 人员信息为:\n");
        printf("\t 序号\t 姓名\t 身份\t 班级/职称\n");
        for(i=0;i<2;i++)
        {
                if(s[i].job =='s')
                        printf("%d %s %4c\t %d\n",s[i].no,s[i].name,s[i].
                        job,s[i].cate.clas);
                else
                        printf("%d %s %4c\t %s\n",s[i].no,s[i].name,s[i].
                        job,s[i].cate.posi);
        }
}
```

【知识点】 共用体

在处理问题时,有时需要把几种不同类型的变量存放在同一段内存单元中。如把一个整型变量、一个字符型变量、一个实型变量放在同一个地址开始的内存单元中。也就是说内存某一区域可以存储不同类型的数据,但值得注意的是,在某一时刻,该内存区域只能有一种类型的数据存在。这种使几个不同的变量共占同一段内存的结构,称为共用体。

共用体定义的一般形式为:

```
union 共用体名
⑾成员列表
⑾变量列表;
```

例如:

```
union date
⑾ int I;
char ch;
⑾a,b;
```

[注意]

①共用体在同一个内在段可以用来存放几种不同类型的成员,但在每一瞬时只能存放其中一个成员,而不是同时存放多个。

②可以对共用体变量初始化,但初始化只能是成员中某一类型的一个常量。

③共用体变量中存放的始终是最后赋值的成员。

④共用体类型可以出现在结构体类型定义中,也可定义共用体数组。反之,结构体也可以出现在共用体的定义中,数组也可以作为共用体的成员。

【课堂训练】

用共用体数组存放如下数据并输出。

序 号	类 别	值
2015001	c	A
2015002	i	35
2015003	d	1234.567

8.3　枚举类型

【任务4】　输入年份和月份,并打印出该月份日历。

【算法分析】

①定义枚举类型 mon,成员包含 12 个月份,根据蔡勒(Zeller)公式计算某年某月第一天是星期几。

蔡勒(Zeller)公式:w＝y+int(y/4)+int(c/4)−2＊c+int(26＊(m+1)/10)+d−1
其中:y 公式中的符号含义如下,w:星期;c:世纪−1;y:年(两位数);m:月(m 大于等于 3,小于等于 14,即在蔡勒公式中,某年的 1、2 月要看作上一年的 13、14 月来计算,比如 2003 年 1 月 1 日要看作 2002 年的 13 月 1 日来计算);d:日;int 代表取整,即只要整数部分。(c 是世纪数减一,y 是年份后两位,m 是月份,d 是日数。1 月和 2 月要按上一年的 13 月和 14 月来算,这时 c 和 y 均按上一年取值。)

②使用多分支选择语句 switch 输出月份,并计算该月有多少天。

③通过循环输出该月日历,如图 8.4 所示。

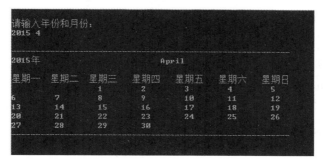

图 8.4

【代码】

```
#include " stdio.h"
main( )
{
    enum
    mon{January,February,March,April,May,June,July,August,September,October,
    November,December};            /＊定义枚举类型 mon ＊/
    enum mon month;                /＊定义枚举类型变量 month ＊/
    int i,j,year,w,c,y,m,d,n;
```

```
printf("\n 请输入年份和月份:\n");
scanf("%d%d",&year,&month);
c=year/100;
y=year%100;
if(month<3)
{
        m=12+month;
        if(y==0)
            {y=99;c=c-1;}
        else
            y=y-1;
}
else
    m=month;
d=1;
w=y+int(y/4)+int(c/4)-2*c+int(26*(m+1)/10)+d-1;    /*蔡勒(Zeller)
                                                        公式*/

while(w<0)   w=w+7;
w=w%7;
if(w==0)  w=7;
printf("\n------------------------------------------------------\n");
printf("%d 年",year);
switch(month-1)
{
    case January:printf("%30s\n","January");n=31;break;
    case February:{printf("%30s\n","February");
        if(year%400==0  ||  (year%4==0 && year%100!=0))
            n=29;
        else
            n=28;}
        break;
    case March:printf("%30s\n","March");n=31;break;
    case April:printf("%30s\n","April");n=30;break;
    case May:printf("%30s\n","May");n=31;break;
    case June:printf("%30s\n","June");n=30;break;
```

```
            case July：printf（"%30s\n"，"July"）；n=31；break；
            case August：printf（"%30s\n"，"August"）；n=31；break；
            case September：printf（"%30s\n"，"September"）；n=30；break；
            case October：printf（"%30s\n"，"October"）；n=31；break；
            case November：printf（"%30s\n"，"November"）；n=30；break；
            case December：printf（"%30s\n"，"December"）；n=31；break；
        }

    printf（"\n 星期一　星期二　星期三　星期四　星期五　星期六　星期日
    \n"）；
    for（j=0；j<（w-1）* 9；j++）
            printf（"  "）；
    for（i=1；i<=n；i++）
    {
        printf（"%-9d"，i）；
        if（（i+w-1）%7==0）printf（"\n"）；
    }
    printf（"\n------------------------------------------------\n"）；
}
```

【知识点】

1.枚举类型

在实际问题中,有些变量的取值被限定在一个有限的范围内。如一个星期内只有 7 天。C 语言提供了一种基本数据类型,即枚举类型。所谓"枚举"是指将变量的值一一列举出来,变量的值只限于列举出来的值的范围内。

枚举类型定义形式:

  enum 枚举名｛枚举值列表｝；

例如:

enum weekday｛sun,mon,tue,wed,thu,fri,sat｝；

该枚举名为 weekday,枚举值共有 7 个,即一周中的 7 天。凡被声明为 weekday 类型的变量的取值只能是 7 天中的某一天。

2.枚举类型变量的定义与使用

（1）枚举类型定义

如结构体类型,枚举类型变量可用以下 3 种方式:

①先定义枚举类型后定义枚举类型变量,例如:

enum weekday{sun,mon,tue,wed,thu,fri,sat};

enum weekdy a,b;

②在定义枚举类型的同时定义枚举类型变量,例如:

enum weekday{sun,mon,tue,wed,thu,fri,sat} a,b;

③直接定义枚举类型变量,例如:

enum{sun,mon,tue,wed,thu,fri,sat} a,b;

(2)枚举类型变量使用

枚举类型变量使用规定如下所述。

①枚举值是常量,不是变量,在程序中不能用赋值语句再对它赋值。例如:

enum{sun,mon,tue,wed,thu,fri,sat} a,b;

sun=5;(错误)

②枚举类型元素本身由系统定义了一个表示序号的数值,从 0 开始,顺序定义为 0、1、2、3…如在 weekday 中,sun 值为 0、mon 值为 1、sat 值为 6 等。

③只能把数值赋给枚举变量,不能把元素的数值直接赋值给枚举变量。例如:

a=sun;(正确)

a=0;(错误)

④一定要把数值赋给枚举变量,则必须用强制类型转换。例如:

a=(enum weekday)2;

⑤枚举元素不是字符常量也不是字符串型常量,使用时不用加单引号或双引号。

【课堂训练】

输入任务 4 代码并运行。

8.4 类型声明符 typedef

【任务 5】 用结构体表示日期,并用类型声明符声明该类型,编写程序计算元旦的倒计时(格式:距元旦还有 ** 天 ** 小时 ** 分钟 ** 秒)并输出。

【算法分析】

①定义结构体类型,包含 4 个成员(day,hour,minute,second),分别用来存放距元旦剩下的天数、小时数、分钟数和秒数;并使用 typedef 自定义该结构体类型为 DAT。

②使用 C 语言系统结构体类型 struct tm;包含内容如下所述。

struct tm

```
{
    int tm_sec;                    /* Seconds.       [0-60] (1 leap second) */
    int tm_min;                    /* Minutes.       [0-59] */
    int tm_hour;                   /* Hours.         [0-23] */
    int tm_mday;                   /* Day.           [1-31] */
    int tm_mon;                    /* Month.         [0-11] */
    int tm_year;                   /* Year-1900.     */
    int tm_wday;                   /* Day of week.[0-6] */
    int tm_yday;                   /* Days in year.[0-365] */
    int tm_isdst;                  /* DST.           [-1/0/1] */
#ifdef    __USE_BSD
    long int tm_gmtoff;            /* Seconds east of UTC.   */
    __const char * tm_zone;        /* Timezone abbreviation.   */
#else
    long int __tm_gmtoff;          /* Seconds east of UTC.   */
    __const char * __tm_zone;      /* Timezone abbreviation.   */
#endif
};
```

可以分别求出当前的日期和时间。

③根据当前日期,求出距元旦剩下的时间,分别赋给 DAT 的各个分量。

④输出结果如图 8.5 所示。

距元旦还有280天3小时19分钟55秒。

图 8.5

【代码】

```
#include "stdio.h"
#include "time.h"
#include "stdlib.h"
#include "windows.h"
#define CCT (+8)   //中国时区时间加 8 小时

typedef struct {
    int day;
```

```
        int hour;
        int minute;
        int second;
    }DAT;

    int main()
    {
        DAT t={0,0,0,0};
        time_t timep;
        struct tm  *p;
        time(&timep);
        p=gmtime(&timep);
        t.hour=(24-p->tm_hour-CCT)%24-1;        //计算一天内剩下的小时数
        t.minute=60-p->tm_min-1;                //计算一小时内剩下的分钟数
        t.second=60-p->tm_sec-1;                //计算一分钟内剩下的秒数
        switch(p->tm_mon)                       //计算距元旦还剩多少天
        {
            case 1:if((p->tm_year%400==0) || (p->tm_year %4==0 && p->tm_
            year%100!=0))
                        t.day=31+28+31+30+31+30+31+31+30+31+30+31-p->tm_
                        mday;
                    else
                        t.day=31+29+31+30+31+30+31+31+30+31+30+31-p->tm_
                        mday;
                    break;
            case 2:if((p->tm_year%400==0) || (p->tm_year %4==0 && p->tm_
            year %100!=0))
                        t.day=28+31+30+31+30+31+31+30+31+30+31-p->tm_
                        mday;
                    else
                        t.day=29+31+30+31+30+31+31+30+31+30+31-p->tm_
                        mday;
                    break;
            case 3:t.day=31+30+31+30+31+31+30+31+30+31-p->tm_mday;break;
            case 4:t.day=30+31+30+31+31+30+31+30+31-p->tm_mday;break;
```

```
        case 5:t.day=31+30+31+31+30+31+30+31-p->tm_mday;break;
        case 6:t.day=30+31+31+30+31+30+31-p->tm_mday;break;
        case 7:t.day=31+31+30+31+30+31-p->tm_mday;break;
        case 8:t.day=31+30+31+30+31-p->tm_mday;break;
        case 9:t.day=30+31+30+31-p->tm_mday;break;
        case 10:t.day=31+30+31-p->tm_mday;break;
        case 11:t.day=30+31-p->tm_mday;break;
        case 12:t.day=31-p->tm_mday;break;
    }
    while(t.day>=0)
    {
        printf("\n 距元旦还有%d 天%d 小时%d 分钟%d 秒。\n",t.day,t.hour,
        t.minute,t.second);
        Sleep(1000);                //延持 1 000 ms,该函数包含在"windows.h"文件
                                      或"dos.h"
        while(! t.second--)
        {
            t.second=60;
            while(! t.minute--)
            {
                t.minute=60;
                while(!t.hour--)
                {
                    t.hour=24;
                    t.day--;
                }
            }
        }
        system("cls");             //dos 窗口清屏,该函数包含在"stdlib.h"文
                                      件中
    }
}
```

【知识点】　用户自定义数据类型

在 C 语言中,除了系统提供的标准类型名(如 int、char、float、double、long 等)和用户自己声明的结构体、共用体、指针、枚举类型外,还可以用 typedef 声明新的类型名来代

替已有的类型名。例如：

typedef int INTEGER；

typedef float REAL；

以上指定用 INTEGER 代表 int 类型，REAL 代表 float，以下两行等价：

int i，j；float a，b；

INTEGER i，j； REAL a，b；

也可以使用 typedef 声明结构体类型：

typedef struct

{ int month；

int day；

int year；

}DATE；

声明新类型名 DATE，它代表上面指定的结构体类型。现在可以使用 DATE 定义变量。

DATE brthday；

DATE ＊p；

[注意]

①可以使用 typedef 声明数组类型，例如：

typedef int NUM[100]；

NUM n；

n 为整型数组变量，即等同于 int n[100]。

②用 typedef 可以声明各种类型名，但不能用来定义变量。

③用 typedef 只是对已经存在的类型增加一个类型名，而没有创造新的类型。

【课堂训练】

输入任务五代码并运行。

习　题

1.选择题

（1）下面说法中，正确的是（　　　）。

A.共用体变量可以作为函数的参数，且函数也可以返回共用体变量

B.共用体变量可以被直接赋值

C.共用体变量的成员不能作为函数的参数

D.共用体变量的成员可以赋值

（2）设有定义语句：

enum　t1{a1,a2=7,a3,a4=15}　time;

则枚举常量 a2 和 a3 的值分别是(　　)。

A.1 和 2 　　　　　　B.2 和 3 　　　　　C.7 和 2 　　　　　D.7 和 8

(3)下列说法中,错误的是(　　)。

A.指针可以指向结构体变量

B.结构体类型的内在分配模式随该类型中包含的成员不同而不同

C.结构体变量在初始化时只要把对应名成员的初值放在花括弧中即可

D.枚举型的变量可以任意取值

(4)若有以下语句:

typedef　struct　s

{

　int a;

　char b;

　float c;}　D;

以下叙述中正确的是(　　)。

A.可以用 s 定义结构体变量　　　　　　B.可以用 D 定义结构体变量

C.s 是 struct 类型的变量　　　　　　　D.D 是 struct s 类型的变量

(5)在定义一个结构体变量时,系统分配给它的内存是(　　)。

A.各成员所需内存量的总和

B.结构中第一个成员所需的内存量

C.成员中占内存量最大者所需的容量

D.结构中最后一个成员所需的内存量

2.填空题

(1)使多个不同的变量共占同一段内存的结构,称为＿＿＿＿＿＿类型的结构。

(2)C 语言的构造类型有数组、＿＿＿＿、＿＿＿＿＿和共用体。

(3)若有如下结构体说明:

```
struct    STRU    {
    int    a, b
    char    c;
    double   d;
    struct    STRU    p1,p2;
};
```

若要完成对 t 数组的定义,t 数组的 20 个元素为该结构体类型＿＿＿＿＿t[20]。

3.程序分析题

(1)下述程序的运行结果是:

```c
#include "stdio.h"
main ( )
{
    union {
        char i[2];
        int k;
    } r;
    r.i[0]=2;
    r.i[1]=0;
    printf("%d\n",r.k);
}
```

(2)下述程序的运行结果是:

```c
#include "stdio.h"
struct   NODE
{
   int   k;
   struct NODE   *link;
};
main( )
{
   struct   NODE   m[5],*p=m,*q=m+4;
   int   i=0;
   while(p!=q)
   {
       p->k=++i;    p++;
       q->k=i++;    q--;
   }
   q->k=i;
   for(i=0;i<5;i++)
       printf("%d",m[i].k);
   printf("\n");
}
```

(3)下述程序的运行结果是:

```c
# include <string.h>
typedef struct student{
        char name[10];
```

```
            long sno;
            float score;
        }STU;
main( )
    {
    STU    a={"zhangsan",2001,95},b={"Shangxian",2002,90},c={"Anhua",
    2003,95},d,*p=&d;
    d=a;
    if(strcmp(a.name,b.name)>0)      d=b;
    if(strcmp(c.name,d.name)>0)      d=c;
    printf("%ld%s\n",d.sno,p->name);
    }
```

4.编程题

（1）用姓名、工资和年龄描述一个职员的情况，编写程序输入 5 个人的情况，为每个人增加工资 30%、年龄增加 1 岁，并输入修改后的结果。

（2）定义一个结构体变量（包括年、月、日），从键盘中输入某年的年、月、日，计算该日在本年中是第几天。

（3）从键盘中输入 1~12 的任意整数，显示与之对应的月份英文名称。

单元9 文件操作

▶ 知识目标

1. 掌握文件的分类；

2. 掌握文件的打开与关闭函数；

3. 掌握文件顺序读写的方法；

4. 了解文件随机读写的方法。

▶ 能力目标

1. 具有对文件进行打开和关闭的操作能力；

2. 具有对文件按指定格式进行读写的能力。

9.1　C语言文件概述

【知识点】

1.文件的概念

所谓"文件"是指一组相关数据的有序集合。这个数据集有一个名称,称为文件名。实际上在前面的各单元中已经多次使用了文件,例如源程序文件、目标文件、可执行文件、库文件(头文件)等。

2.文件的分类

文件通常是驻留在外部介质(如磁盘等)上的,在使用时才调入内存中来。从不同的角度可对文件作不同的分类。

(1)从用户的角度看,文件可分为普通文件和设备文件两种

普通文件是指驻留在磁盘或其他外部介质上的一个有序数据集,可以是源文件、目标文件、可执行程序;也可以是一组待输入处理的原始数据,或者是一组输出的结果。对于源文件、目标文件、可执行程序可以称作程序文件,对输入输出数据可称作数据文件。

设备文件是指与主机相连的各种外部设备,如显示器、打印机、键盘等。在操作系统中,把外部设备也看作是一个文件来进行管理,把它们的输入、输出等同于对磁盘文件的读和写。

通常把显示器定义为标准输出文件,一般情况下在屏幕上显示有关信息就是向标准输出文件。如前面经常使用的 printf、putchar 函数就是这类输出。键盘通常被指定为标准的输入文件,从键盘上输入就意味着从标准输入文件上输入数据。scanf、getchar 函数就属于这类输入。

(2)从文件编码的方式来看,文件可分为 ASCII 码文件和二进制文件两种

ASCII 文件也称为文本文件,这种文件在磁盘中存放时每个字符对应一个字节,用于存放对应的 ASCII 码。

例如,数 5678 的存储形式为:

ASCII 码:	00110101	00110110	00110111	00111000
	↓	↓	↓	↓
十进制码:	5	6	7	8

共占用 4 个字节,ASCII 码文件可在屏幕上按字符显示,例如源程序文件就是 ASCII 文件,用 DOS 命令 TYPE 可显示文件的内容。由于是按字符显示,因此能读懂文件内容。

二进制文件是按二进制的编码方式来存放文件的。例如,数 5678 的存储形式为:

00010110　00101110

只占 2 个字节,二进制文件虽然也可在屏幕上显示,但其内容无法读懂。C 语言系统在处理这些文件时,并不区分类型,都看成是字符流,按字节进行处理。输入输出字符流的开始和结束只由程序控制而不受物理符号(如回车符)的控制,因此,也将这种文件称作"流式文件"。

本单元讨论流式文件的打开、关闭、读、写、定位等各种操作。

3.文件指针

在 C 语言中用一个指针变量指向一个文件,这个指针称为文件指针。通过文件指针就可对它所指的文件进行各种操作。定义说明文件指针的一般形式:

FILE　＊指针变量标识符;

其中 FILE 应为大写,它实际上是由系统定义的一个结构,该结构中含有文件名、文件状态和文件当前位置等信息。在编写源程序时不必关心 FILE 结构的细节。例如:

FILE　＊fp;

fp 是指向 FILE 结构的指针变量,通过 fp 即可找存放某个文件信息的结构变量,然后按结构变量提供的信息找到该文件,实施对文件的操作。习惯上也笼统地把 fp 称为指向一个文件的指针。

9.2　文件的打开与关闭

【**任务** 1】　请理解下列语句代表的含义。

【**代码**】

```
FILE ＊fp;
fp＝("file a","r");          //在当前目录下打开文件 file a,只允许进行
                            "读"操作,并使 fp 指向该文件
```

【**代码**】

```
FILE ＊fphzk;
fphzk＝("c:\\hzk16","rb");   //打开 C 驱动器磁盘的根目录下的文件 hzk16,
                            这是一个二进制文件,只允许按二进制方式
                            进行读操作。两个反斜线"\\"中的第一个表
                            示转义字符,第二个表示根目录
```

【知识点】

1.文件的打开

在 C 语言中,文件操作都是由库函数来完成的。文件的打开函数为 fopen( ),fopen 函数用来打开一个文件,其调用的一般形式为:

文件指针名=fopen(文件名,使用文件方式);

其中:

①"文件指针名"必须是被说明为 FILE 类型的指针变量。

②"文件名"是被打开文件的文件名。

③"使用文件方式"是指文件的类型和操作要求。

④"文件名"是字符串常量或字符串数组。

2.文件使用方式

使用文件的方式共有 12 种,它们的符号和意义见表9.1。

表9.1 文件使用方式

文件使用方式	意 义
rt	只读打开一个文本文件,只允许读数据
wt	只写打开或建立一个文本文件,只允许写数据
at	追加打开一个文本文件,并在文件末尾写数据
rb	只读打开一个二进制文件,只允许读数据
wb	只写打开或建立一个二进制文件,只允许写数据
ab	追加打开一个二进制文件,并在文件末尾写数据
rt+	读写打开一个文本文件,允许读和写
wt+	读写打开或建立一个文本文件,允许读和写
at+	读写打开一个文本文件,允许读,或在文件末追加数据
rb+	读写打开一个二进制文件,允许读和写
wb+	读写打开或建立一个二进制文件,允许读和写
ab+	读写打开一个二进制文件,允许读,或在文件末追加数据

对于文件使用方式有以下几点说明。

①文件使用方式由 r、w、a、t、b 和+ 6 个字符拼成,各字符的含义是:

r(read):读

w(write):写

a(append):追加

t(text):文本文件,可省略不写

b(banary):二进制文件

+:读和写

②凡用"r"打开一个文件时,该文件必须已经存在,且只能从该文件读出。

③用"w"打开的文件只能向该文件写入。若打开的文件不存在,则以指定的文件名建立该文件,若打开的文件已经存在,则将该文件删去,重建一个新文件。

④若要向一个已存在的文件追加新的信息,只能用"a"方式打开文件。但此时该文件必须是存在的,否则将会出错。

⑤在打开一个文件时,如果出错,fopen 将返回一个空指针值 NULL。在程序中可以用这一信息来判别是否完成打开文件的工作,并作相应的处理。因此常用以下程序段打开文件:

```
if( ( fp = fopen( " c: \\hzk16" , " rb" ) = = NULL) )
{
        printf( " \nerror on open c: \\hzk16 file!" ) ;
        getch( ) ;
        exit( 1 ) ;
}
```

这段程序的含义是,如果返回的指针为空,表示不能打开 c 盘根目录下的 hzk16 文件,则给出提示信息"error on open c: \hzk16 file!",下一行 getch( ) 的功能是从键盘输入一个字符,但不在屏幕上显示。在这里,该行的作用是等待,只有当用户从键盘敲任一键时,程序才继续执行,因此用户可利用这个等待时间阅读出错提示。敲键后执行 exit(1)退出程序。

⑥将一个文本文件读入内存时,要将 ASCII 码转换成二进制码,而把文件以文本方式写入磁盘时,也要把二进制码转换成 ASCII 码,因此文本文件的读写要花费较多的转换时间。对二进制文件的读写不存在这种转换。

⑦标准输入文件(键盘),标准输出文件(显示器),标准出错输出(出错信息)是由系统打开的,可直接使用。

3.文件的关闭

在使用完一个文件后应该关闭它,以防止它再被误用。"关闭"就是撤销文件信息区和文件缓冲区,使文件指针变量不再指向该文件,也就是文件指针变量与文件"脱钩",此后不能再通过该指针对原来与其相联系的文件进行读写操作,除非再次打开,使该指针变量重新指向该文件。文件关闭用 fclose 函数来实现,fclose 函数调用的一般形式是:

fclose(文件指针) ;

正常完成关闭文件操作时,fclose 函数返回值为 0。如返回非零值则表示有错误发生。

9.3　文件的顺序读写

【任务2】　从 c1.txt 文件中逐个读取字符,并在屏幕上显示。

【算法分析】

①首先定义文件指针 fp,以读文本文件方式打开文件"d:\\example\\c1.txt",并使 fp 指向该文件。

②如果打开文件出错,给出提示并退出程序。

③如果文件可以正常打开,首先读出一个字符存放到变量 ch,然后进入循环,只要读出的字符不是文件结束标志(每个文件末有一结束标志 EOF)就把该字符显示在屏幕上,再读入下一字符。

④每读一次,文件内部的位置指针向后移动一个字符,文件结束时,该指针指向 EOF。执行本程序将显示整个文件。

【代码】

```c
#include<stdio.h>
main ( ) {
    FILE  * fp;
    char  ch;
    if( ( fp = fopen( "d:\\example\\c1.txt" , "rt" ) ) = = NULL) {
        printf( "\nCannot open file strike any key exit!" ) ;
        getch( ) ;
        exit( 1 ) ;
    }
    ch = fgetc( fp ) ;
    while( ch! = EOF) {
        putchar( ch ) ;
        ch = fgetc( fp ) ;
    }
    fclose( fp ) ;
}
```

【知识点】

1.字符读函数

字符读函数是以字符(字节)为单位的读函数,每次可从文件读出一个字符。

2.读字符函数 fgetc

fgetc 函数的功能是从指定的文件中读一个字符,函数调用的形式为:

　　　　字符变量＝fgetc(文件指针);

例如:

ch＝fgetc(fp);

其意义是从打开的文件 fp 中读取一个字符并送入 ch 中。

[注意]

①在 fgetc 函数调用中,读取的文件必须是以读或读写方式打开的。

②读取字符的结果也可以不向字符变量赋值。例如"fgetc(fp);"但是读出的字符不能保存。

③在文件内部有一个位置指针。用来指向文件的当前读写字节。在文件打开时,该指针总是指向文件的第一个字节。使用 fgetc 函数后,该位置指针将向后移动一个字节。因此可连续多次使用 fgetc 函数,读取多个字符。

应注意文件指针和文件内部的位置指针不是一回事。文件指针是指向整个文件的,须在程序中定义说明,只要不重新赋值,文件指针的值是不变的。文件内部的位置指针用以指示文件内部的当前读写位置,每读写一次,该指针均向后移动,它不需在程序中定义说明,而是由系统自动设置的。

【任务3】　从键盘输入一行字符,写入一个文件,再把该文件内容读出显示在屏幕上。

【算法分析】

①首先定义文件指针 fp,以读写文本文件方式打开文件"d:\\example\\string"。

②如果打开文件出错,给出提示并退出程序。

③如果文件可以正常打开,首先读出一个字符存放到变量 ch,然后进入循环,当读入字符不为回车符时,则把该字符写入文件之中,然后继续从键盘读入下一字符。每输入一个字符,文件内部位置指针向后移动一个字节。

④写入完毕,该指针已指向文件末。如要把文件从头读出,须把指针移向文件头,使用 rewind 函数用于把 fp 所指文件的内部位置指针移到文件头,然后逐个读出文件中的每一行内容。

【代码】

```
#include<stdio.h>
```

```
main ( ) {
    FILE  * fp;
    char  ch;
    if( ( fp = fopen( "d:\\example\\string" , "wt+" ) ) = = NULL)
    {
            printf( "Cannot open file strike any key exit!" ) ;
            getch( ) ;
            exit( 1 ) ;
    }
    printf( "input a string:\n" ) ;
    ch = getchar( ) ;
    while ( ch! = '\n ') {
            fputc( ch,fp) ;
            ch = getchar( ) ;
    }
    rewind( fp) ;
    ch = fgetc( fp) ;
    while( ch! = EOF) {
            putchar( ch) ;
            ch = fgetc( fp) ;
    }
    printf( " \n" ) ;
    fclose( fp) ;
}
```

【知识点】

1.字符写函数 fputc

字符写函数是以字符(字节)为单位的写函数,每次可向文件写入一个字符。

fputc 函数的功能是将一个字符写入指定的文件中。函数调用的形式为:

    fputc(字符量, 文件指针) ;

其中,待写入的字符量可以是字符常量或变量。例如:

    fputc(' a ',fp) ;

其意义是将字符 a 写入 fp 所指向的文件中。

[注意]

①被写入的文件可以用写、读写、追加方式打开,用写或读写方式打开一个已存在的文件时将清除原有的文件内容,写入字符从文件首开始。如需保留原有文件内容,希

望写入的字符以文件末开始存放,必须以追加方式打开文件。被写入的文件若不存在,则创建该文件。

②每写入一个字符,文件内部位置指针向后移动一个字节。

③fputc 函数有一个返回值,如写入成功则返回写入的字符,否则返回一个 EOF。可用此来判断写入是否成功。

【任务4】 从 string 文件中读入一个含 10 个字符的字符串。

【算法分析】

①首先定义文件指针 fp,一个字符数组 str 共 11 个字节,以读写文本文件方式打开文件"d:\\example\\string"。

②如果打开文件出错,给出提示并退出程序。

③如果文件可以正常打开,以读文本文件方式打开文件 string 后,从中读出 10 个字符送入 str 数组,在数组最后一个单元内将加上'\0',然后在屏幕上显示输出 str 数组。

【代码】

```
#include<stdio.h>
main ( ){
    FILE  * fp;
    char str[11];
    if((fp =fopen("d:\\example\\string","rt"))==NULL){
        printf("\nCannot open file strike any key exit!");
        getch();
        exit(1);
    }
    fgets(str,11,fp);
    printf("\n%s\n",str);
    fclose(fp);
}
```

【知识点】

1.读字符串函数 fgets

函数的功能是从指定的文件中读一个字符串到字符数组中,函数调用的形式为:

　　fgets(字符数组名,n,文件指针);

其中,n 是一个正整数,表示从文件中读出的字符串不超过 n-1 个字符。在读入的最后一个字符后加上串结束标志"'\0'"。例如"fgets(str,n,fp);"的意义是从 fp 所指的文件中读出 n-1 个字符送入字符数组 str 中。

[注意]

①在读出 n-1 个字符之前,如遇到了换行符或 EOF,则读出结束。

②fgets 函数也有返回值,其返回值是字符数组的首地址。

2.写字符串函数 fputs

fputs 函数的功能是向指定的文件写入一个字符串,其调用形式为:

fputs(字符串,文件指针);

其中字符串可以是字符串常量,也可以是字符数组名或指针变量,例如:"fputs("abcd",fp);"的意义是把字符串"abcd"写入 fp 所指的文件之中。

【任务 5】 从键盘输入 2 个学生数据,写入一个文件中,再读出这两个学生的数据并显示在屏幕上。

【算法分析】

①定义了一个结构 stu,说明了两个结构数组 boya 和 boyb 以及两个结构指针变量 pp 和 qq。pp 指向 boya,qq 指向 boyb。

②以读写文本文件方式打开文件"d:\\example\\stu_list",如果打开文件出错,给出提示并退出程序语句"while(1)"。

③如果文件可以正常打开,输入 2 个学生数据之后,写入该文件中,然后把文件内部位置指针移到文件首,读出 2 个学生数据后,在屏幕上显示。

【代码】

```
#include<stdio.h>
struct stu{
    char name[10];
    int num;
    int age;
    charaddr[15];
}
boya[2],boyb[2], * pp, * qq;
main(){
    FILE * fp;
    charch;
    int i;
```

```
        pp = boya;
        qq = boyb;
        if((fp = fopen("d:\\example\\stu_list","wb+")) == NULL){
            printf("Cannot open file strike any key exit!");
            getch();
            exit(1);
        }
        printf("\ninput data\n");
        for(i = 0;i<2;i++,pp++)
            scanf("%s%d%d%s",pp->name,&pp->num,&pp->age,pp->addr);
        pp = boya;
        fwrite(pp,sizeof(struct stu),2,fp);
        rewind(fp);
        fread(qq,sizeof(struct stu),2,fp);
        printf("\n\nname\tnumber   age   addr\n");
        for(i = 0;i<2;i++,qq++)
            printf("%s\t%5d%7d   %s\n",qq->name,qq->num,qq->age,qq->ad-
            dr);
        fclose(fp);
}
```

【知识点】

1.数据块读写函数 fread 和 fwrite

C 语言还提供了用于整块数据的读写函数,可用来读写一组数据,如一个数组元素、一个结构变量的值等。

2.读数据块函数调用的一般形式

```
        fread(buffer,size,count,fp);
```

3.写数据块函数调用的一般形式

```
        fwrite(buffer,size,count,fp);
```

其中,buffer 是一个指针,在 fread 函数中,它表示存放输入数据的首地址;在 fwrite 函数中,它表示存放输出数据的首地址。size 表示数据块的字节数。count 表示要读写的数据块块数。fp 表示文件指针。例如:

```
        fread(fa,4,5,fp);
```

其意义是从 fp 所指的文件中,每次读 4 个字节(一个实数)送入实数组 fa 中,连续读 5次,即读 5 个实数到 fa 中。

【任务 6】　使用 fscanf 和 fprintf 函数完成从键盘输入 2 个学生数据,写入一个文件中,再读出这两个学生的数据并显示在屏幕上。

【算法分析】

①定义了一个结构 stu,说明了两个结构数组 boya 和 boyb 以及两个结构指针变量 pp 和 qq。pp 指向 boya,qq 指向 boyb。以读写方式打开二进制文件"stu_list",输入 2 个学生数据之后,再写入该文件中。

②本程序中 fscanf 和 fprintf 函数每次只能读写一个结构数组元素,因此采用了循环语句来读写全部数组元素。还要注意指针变量 pp,qq 由于循环改变了它们的值,因此在程序中对它们重新赋予了数组的首地址。

【代码】

```
#include<stdio.h>
structstu
{
    char name[10];
    int num;
    int age;
    char addr[15];
}
boya[2],boyb[2],*pp,*qq;
main(){
    FILE  *fp;
    char   ch;
    int i;
    pp=boya;
    qq=boyb;
    if((fp =fopen("stu_list","wb+"))==NULL){
        printf("Cannot open file strike any key exit!");
        getch();
        exit(1);
    }
    printf("\ninput data\n");
    for(i=0;i<2;i++,pp++)
        scanf("%s%d%d%s",pp->name,&pp->num,&pp->age,pp->addr);
```

```
        pp = boya;
        for(i = 0;i<2;i++,pp++)
            fprintf(fp,"%s %d %d %s\n",pp->name,pp->num,pp->age,pp->ad-
            dr);
        rewind(fp);
        for(i = 0;i<2;i++,qq++)
            fscanf(fp,"%s %d %d %s\n",qq->name,&qq->num,&qq->age,qq->
            addr);
        printf("\n\nname\tnumber age addr\n");
        qq = boyb;
        for(i = 0;i<2;i++,qq++)
            printf("%s\t%5d%7d%s\n",qq->name,qq->num, qq->age,qq->ad-
            dr);
        fclose(fp);
    }
```

【知识点】

1.格式化读写函数 fscanf 和 fprintf

fscanf 函数,fprintf 函数与前面使用的 scanf 和 printf 函数的功能相似,都是格式化读写函数。两者的区别在于 fscanf 函数和 fprintf 函数的读写对象不是键盘和显示器,而是磁盘文件。

2.2 个函数的调用格式

这两个函数的调用格式为:

```
        fscanf(文件指针,格式字符串,输入表列);
        fprintf(文件指针,格式字符串,输出表列);
```

例如:

```
        fscanf(fp,"%d%s",&i,s);
        fprintf(fp,"%d%c",j,ch);
```

9.4 文件的随机读写

【任务7】 在学生文件"stu_list"中读出第二个学生的数据。

【算法分析】

①文件 stu_list 已由任务六的程序建立,本程序用随机读出的方法读出第二个学生

的数据。程序中定义 boy 为 stu 类型变量,qq 为指向 boy 的指针。

②以读二进制文件方式打开文件,如文件成功打开则将文件内部指针定位至文件首,使用函数移动文件位置指针,其中的 i 值为 1,表示从文件头开始,移动一个 stu 类型的长度,然后再读出的数据即为第二个学生的数据。

【代码】

```
#include<stdio.h>
struct stu{
    char name[10];
    int num;
    int age;
    char addr[15];
}boy, * qq;
main ( ){
    FILE  * fp;
    char ch;
    int i=1;
    qq=&boy;
    if( ( fp =fopen( "stu_list" ,"rb" ) )==NULL){
        printf( "Cannot open file strike any key exit!" );
        getch( );
        exit(1);
    }
    rewind( fp);
    fseek( fp,i * sizeof( struct stu) ,0);
    fread( qq,sizeof( struct stu) ,1,fp);
    printf( "\n\nname\tnumber   age   addr\n");
    printf( "%s\t%5d   %7d   %s\n" ,qq->name,qq->num,qq->age,qq->addr);
}
```

【知识点】

前面介绍的对文件的读写方式都是顺序读写,即读写文件只能从头开始,顺序读写各个数据。但在实际问题中常要求只读写文件中某一指定的部分。为了解决这个问题可移动文件内部的位置指针到需要读写的位置,再进行读写,这种读写称为随机读写。

1.文件的定位

实现随机读写的关键是要按要求移动位置指针,称为文件的定位。移动文件内部位置指针的函数主要有 2 个,即 rewind( )和 fseek( )。

rewind 函数前面已多次使用过,其调用形式为:

rewind(文件指针);

其功能是把文件内部的位置指针移到文件首。

fseek 函数用来移动文件内部位置指针,其调用形式为:

fseek(文件指针,位移量,起始点);

其中:"文件指针"指向被移动的文件;"位移量"表示移动的字节数,要求位移量是 long 型数据,以便在文件长度大于 64 KB 时不会出错。当用常量表示位移量时,要求加后缀 "L";"起始点"表示从何处开始计算位移量,规定的起始点有 3 种:文件首、当前位置和 文件尾。其表示方法见表 9.2。

表 9.2 文件起始点表示方法

起始点	表示符号	数字表示
文件首	SEEK_SET	0
当前位置	SEEK_SUR	1
文件末尾	SEEK_END	2

例如:"fseek(fp,100L,0);"其意义是将位置指针移到离文件首 100 个字节处。

[注意] fseek 函数一般用于二进制文件。在文本文件中由于要进行转换,故往往 计算的位置会出现错误。

2.文件的随机读写

在移动位置指针之后,即可用前面介绍的任一种读写函数进行读写。由于一般是 读写一个数据块,因此常用 fread 和 fwrite 函数。fread 函数的调用形式为:

fread(buffer,size,count,fp);

fwrite 函数的调用形式为:

fwrite(buffer,size,count,fp);

其中:buffer 是一个指针,对 fread 来说,它是读入数据的存放地址。对 fwrite 来说,是要 输出数据的地址;size:要读写的字节数;count:要进行读写多少个 size 字节的数据项; fp:文件型指针。

[注意]

①完成一次写操(fwrite( ))作后必须关闭流(fclose( ))。

②完成一次读操作(fread( ))后,如果没有关闭流(fclose( )),则指针(FILE ＊ fp) 自动向后移动前一次读写的长度,不关闭流继续下一次读操作则接着上次的输出继续 输出。

在 C 语言中进行文件操作时,人们经常会用到 fread( )和 fwrite( ),用它们来对文件 进行读写操作。在用 C 语言编写程序时,一般使用标准文件系统,即缓冲文件系统。

系统在内存中为每个正在读写的文件开辟"文件缓冲区",在对文件进行读写时数据都经过缓冲区。要对文件进行读写,系统首先开辟一块内存区来保存文件信息,保存这些信息用的是一个结构体,将这个结构体定义为 FILE 类型。首先要定义一个指向这个结构体的指针,当程序打开一个文件时,获得指向 FILE 结构的指针,通过这个指针就可以对文件进行操作。

习　题

1.选择题

(1)标准库函数 fgets(s,n,f)的功能是(　　)。

A.从文件 f 中读取长度为 n 的字符串存入指针 s 所指的内存

B.从文件 f 中读取长度不超过 n−1 的字符串存入指针 s 所指的内存

C.从文件 f 中读取 n 个字符串存入指针 s 所指的内存

D.从文件 f 中读取长度为 n−1 的字符串存入指针 s 所指的内存

(2)在 C 语言中,对文件的存取以(　　)为单位。

A.记录　　　　　　B.字节　　　　　　C.元素　　　　　　D.簇

(3)下面的变量表示文件指针变量的是(　　)。

A.FILE * fp　　　　B.FILEfp　　　　　C.FILER * fp　　　　D.file * fp

(4)在 C 语言中,下面对文件的叙述正确的是(　　)。

A.用"r"方式打开的文件只能向文件写数据

B.用"R"方式也可以打开文件

C.用"w"方式打开的文件只能用于向文件写数据,且该文件可以不存在

D.用"a"方式可以打开不存在的文件

(5)在 C 语言中,当文件指针变 fp 已指向"文件结束",则函数 feof(fp)的值是(　　)。

A. t　　　　　　　B.F　　　　　　　C.0　　　　　　　D.1

(6)在 C 语言中,系统自动定义了 3 个文件指针 stdin,stdout 和 stderr 分别指向终端输入、终端输出和标准出错输出,则函数 fputc(ch,stdout)的功能是(　　)。

A.从键盘输入一个字符给字符变量　　　B.在屏幕上输出字符变量 ch 的值

C.将字符变量的值写入文件 stdout 中　　D.将字符变量 ch 的值赋给 stdout

(7)下面程序段的功能是(　　)。

```
#include<stdio.h>
main( )
{chars1 ;
s1 =putc(getc(stdin),stdout) ;}
```

A.从键盘输入一个字符给字符变量 s1

B.从键盘输入一个字符,然后再输出到屏幕

C.从键盘输入一个字符,然后再输出到屏幕的同时赋给变量 s1

D.在屏幕上输出 stdout 的值

(8)在 C 语言中,常用如下方法打开一个文件:

if((fp=fopen("file1.c","r"))==NULL)

{printf("cannotopenthisfile\n");exit(0);}

则其中函数 exit(0)的作用是(　　)。

A.退出 C 环境

B.退出所在的复合语句

C.当文件不能正常打开时,关闭所有的文件,并终止正在调用的过程

D.当文件正常打开时,终止正在调用的过程

(9)执行下述程序段:

#include<stdio.h>

FILE * fp;

fp=fopen("file","w");

则磁盘上生成的文件的全名是(　　)。

A. file　　　　　　　　B.file.c　　　　　　　C.file.dat　　　　　　D.file.txt

(10)在内存与磁盘频繁交换数据的情况下,对磁盘文件的读写最好使用的函数是(　　)。

A.fscanF,fprintf　　　　　　　　　　B.fread,fwrite

C.getc,putc　　　　　　　　　　　　D.putchar,getchar

(11)在 C 语言中若按数据的格式划分,文件可分为(　　)。

A.程序文件和数据文件　　　　　　　B.磁盘文件和设备文件

C.二进制文件和文本文件　　　　　　D.顺序文件和随机文件

(12)若 fp 是指向某文件的指针,且已读到该文件的末尾,则 C 语言函数 feof(fp)的返回值是(　　)。

A.EOF　　　　　　　B.−1　　　　　　　C.非零值　　　　　　D.NULL

(13)在 C 语言中,缓冲文件系统是指(　　)。

A.缓冲区是由用户自己申请的　　　　B.缓冲区是由系统自动建立的

C.缓冲区是根据文件的大小决定的　　D.缓冲区是根据内存的大小决定的

(14)在 C 语言中,文件型指针是(　　)。

A.一种字符型的指针变量　　　　　　B.一种结构型的指针变量

C.一种共用型的指针变量　　　　　　D.一种枚举型的指针变量

(15)在 C 语言中,标准输出设备是指(　　)。

A.键盘　　　　　　　B.鼠标　　　　　　　C.硬盘　　　　　　　D.光笔

(16)在 C 语言中,标准输出设备和标准错误输出设备是指显示器,它们对应的指

针名分别为(　　)。

　　A.stdin,stdio　　　　　　　　　　　　B.STDOUT,STDERR

　　C.stdout,stderr　　　　　　　　　　　D.stderr,stdout

(17)在 C 语言中,所有的磁盘文件在操作前都必须打开,打开文件函数的调用格式为:

　　fopen(文件名,文件操作方式);

其中文件名是要打开的文件的全名,它可以是(　　)。

　　A.字符变量名、字符串常量、字符数组名

　　B.字符常量、字符串变量、指向字符串的指针变量

　　C.字符串常量、存放字符串的字符数组名、指向字符串的指针变量

　　D.字符数组名、文件的主名、字符串变量名

(18)在 C 语言中,如果要打开 c 盘一级目录 ccw 下,名为"ccw.dat"的二进制文件用于读和追加写,则调用打开文件函数的格式为(　　)。

　　A.fopen("c:\ccw\ccw.dat","ab")　　　　B.fopen("c:\ccw.dat","ab+")

　　C.fopen("c:ccw\ccw.dat","ab+")　　　　D.fopen("c:\ccw\ccw.dat","ab+")

(19)在 C 语言中,打开文件时,选用的文件操作方式为"wb",则下列说法中错误的是(　　)。

　　A.要打开的文件必须存在　　　　　　B.要打开的文件可以不存在

　　C.打开文件后可以读取数据　　　　　D.要打开的文件是二进制文件

(20)设文件 file1.c 已存在,且有下述程序段:

```
#include <stdio.h>
FILE * fp1;
fp1 = fopen("file1.c","r");
while(! feof(fp1)) putchar(getc(fp1));
```

该程序段的功能是(　　)。

　　A.将文件 file1.c 的内容输出到屏幕

　　B.将文件 file1.c 的内容输出到文件

　　C.将文件 file1.c 的第一个字符输出到屏幕

　　D.什么也不干

2.填空题

(1)已有文本文件 test.txt,其中的内容为:Hello,everyone!。以下程序中,文件 test.txt 已正确为"读"而打开,由文件指针 fr 指向该文件,则程序的输出结果是_____。

```
#include <stdio.h>
main()
{
    FILE * fr;
```

```
        char str[40];
            fgets(str,5,fr);
            printf("%s\n",str);
    fclose(fr);
    }
```

（2）若 fp 已正确定义为一个文件指针，d1.dat 为二进制文件，请填空，以便为"读"而打开此文件：fp=fopen(＿＿＿＿＿)；

（3）以下程序用来统计文件中字符个数，请填空。

```
#include"stdio.h"
main()
{
    FILE * fp;longnum=0L;
    if((fp=fopen("fname.dat","r"))==NULL)
    {
        pirntf("Openerror\n");exit(0);}
        while(＿＿＿＿＿)
        {fgetc(fp);num++;}
        printf("num=%1d\n",num-1);
        fclose(fp);
}
```

（4）下面程序把从终端读入的文本（用@作为文本结束标志）输出到一个名为 bi.dat的新文件中，请填空。

```
#include"stdio.h"
FILE * fp;
{
    charch;
    if((fp=fopen(        ))==NULL)exit(0);
    while((ch=getchar())!='@')
    fputc(ch,fp);
    fclose(fp);
}
```

（5）下面的程序用来统计文件中字符的个数，请填空。

```
#include<stdio.h>
main()
{
    FILE * fp;
```

```
longnum = 0;
    if( ( fp = fopen( "fname.dat" , "r" ) ) = = NULL)
    { printf( "Can't open file! \n" ) ;
    exit( 0 ) ; }
While _____
{ fgetc( fp ) ; num++ ; }
printf( "num = %d\n" , num ) ;
fclose( fp ) ;
}
```

3.编程题

(1)编写一个程序,以只读方式打开一个文本文件 filea.txt,如果打开,将文件地址放在 fp 文件指针中;打不开则显示"Can't open filea.txt file.\n",然后退出。

(2)编写程序实现用户由键盘输入一个文件名,然后再输入一串字符(以#结束输入),存放到此文件中形成文本文件,并将字符个数写到文件尾部。

(3)从键盘输入一个字符串,将其中的小写字母全部转换为大写字母,然后输出到一个磁盘文件"test"中保存,输入的字符串以"!"表示结束。

参考文献

［1］谭浩强.C 语言程序设计［M］.北京:清华大学出版社,2002.

［2］谭浩强.C 语言程序设计题解与上机指导［M］.北京:清华大学出版社,2000.

［3］梁海英.C 语言程序设计［M］.北京:清华大学出版社,2013.

［4］李学刚,杨丹.C 语言程序设计［M］.北京:高等教育出版社,2013.